DNA
DA COCRIAÇÃO

CB038856

ELAINNE OURIVES

DNA DA COCRIAÇÃO

DESCUBRA O MÉTODO REVOLUCIONÁRIO PARA DAR UM SALTO DUPLO QUÂNTICO AO FUTURO, SINTONIZANDO UMA NOVA VERSÃO DE VOCÊ. AUMENTE SUA FREQUÊNCIA VIBRACIONAL PARA COCRIAR INSTANTANEAMENTE SUA REALIDADE E ALTERAR O ROTEIRO DO SEU DESTINO

GENTE
editora

Diretora
Rosely Boschini

Gerente Editorial
Rosângela de Araujo
Pinheiro Barbosa

Assistente Editorial
Audrya de Oliveira

Controle de Produção
Fábio Esteves

Capa
Vanessa Lima

**Adaptação de projeto
gráfico e Diagramação**
Futura

Revisão
Mariane Genaro,
Vero Verbo,
Rafaella Carrilho e
Amanda Oliveira

Preparação
M. Almeida,

Impressão
Assahi

Rua Wisard, 305, sala 53, São Paulo, SP

CEP 05435-080

Telefone: (11) 3670-2500

Site: http://www.editoragente.com.br

E-mail: gente@editoragente.com.br

Dados Internacionais de Catalogação na Publicação (CIP)
Angélica Ilacqua CRB-8/7057

Ourives, Elainne
    DNA da cocriação: sintonize o seu Novo Eu / Elainne Ourives. - São
Paulo: Editora Gente, 2020.

ISBN 978-85-452-0386-5

1. Técnicas de autoajuda 2. Disciplina mental 3. Controle da mente
4. Vibração 5. Corpo e mente 6. Sucesso I. Título

20-1499   CDD 158.1

Índice para catálogo sistemático:
1. Técnicas de autoajuda

Ao acessar o QR code ou o site **www.dnadacocriacao.com.br**, você poderá baixar os áudios das técnicas do *DNA da Cocriação®* e o Treinamento Mental **Verdade Revelada** em formato de filme, dividido em cinco episódios que vão desvendar os 5 Cadeados, bloqueadores Emocionais que estão paralisando sua vida!

Também vai acessar as 5 Chaves Mestras para entrar no Fluxo do Universo e os Poderes Ocultos da Mente Inconsciente para assim, definitivamente, Cocriar uma Nova Vida.

Esse treinamento, com cinco técnicas poderosíssimas, custaria R$ 3.499,00, mas para os leitores do *DNA da Cocriação®* é gratuito.

HoloCINE - VERDADE REVELADA
Você é 100% responsável por tudo que acontece em sua vida!

Treinamento em filme que impactou a vida de mais de 1 milhão de pessoas. Aprenda como se libertar de bloqueios, traumas e memórias armazenadas em seu inconsciente que estão influenciando negativamente sua vida. Descubra evidências científicas sobre a cocriação da realidade por meio do pensamento e das emoções, apoiado por estudos avançados sobre Física Quântica, Neurociência, Epigenética, Reprogramação Mental e DNA. O **HoloCINE – Verdade Revelada** é a primeira fase do Treinamento Holo Cocriação de Objetivos, Sonhos e Metas, considerado o mais avançado treinamento em cocriação da realidade do mundo. Vou ensinar como foram criados e instalados na sua mente inconsciente o fracasso, a escassez, o ciúme, a depressão, as doenças, a falência, as traições, a destruição, a ansiedade, as emoções negativas, os bloqueios, os sabotadores e como removê-los para cocriar sua nova vida.

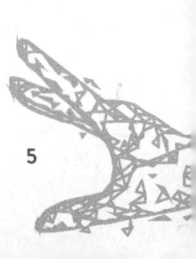

CHAVE MESTRA 1: Aprenda como desbloquear o primeiro cadeado emocional que está impedindo seu acesso aos poderes ocultos da mente inconsciente. É o primeiro cadeado de cinco que serão destravados ao longo do treinamento mental, por meio da Chave Mestra, que abrirá a porta do Universo para A Verdade Revelada. Saiba como o tempo é um fator determinante para alcançar o futuro que deseja viver hoje.

CHAVE MESTRA 2: Descubra qual é a chave mestra para decodificar o segundo cadeado emocional, ao aprender a usar a vibração positiva emitida por meio do seu Campo Quântico. Essa ação vai liberar a frequência original do seu DNA e abrirá futuros potenciais e possibilidades infinitas para realizar seus sonhos.

CHAVE MESTRA 3: Descubra o mais importante cadeado que precisa ser destravado para materializar seus desejos no Universo. Este cadeado tem a ver com um ato nobre e um poderoso sentimento desvendado no treinamento mental A Verdade Revelada.

CHAVE MESTRA 4: Aqui você vai saber qual emoção deve eliminar do seu Campo Quântico e qual é a solução imediata para quebrar mais esse cadeado emocional e experimentar uma vida completamente realizada e feliz. Sem se livrar desse comportamento, você não conseguirá acessar seu Eu do Futuro ou colapsar seus sonhos.

CHAVE MESTRA 5: A liberdade para escolher o futuro no campo das infinitas possibilidades começa dentro de você e se expande para o Universo, para a realidade. Entretanto, há um cadeado emocional que você precisa destravar imediatamente se deseja construir um novo destino de sucesso, riqueza, amor e alegria. Esse cadeado será revelado no treinamento A Verdade Revelada.
Aplicação de 5 Técnicas avançadas para Colapso da Função de Onda e Holo Cocriação da Realidade, com ferramentas e comandos para soltar o seu desejo.

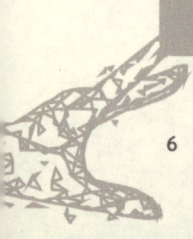

DEDICATÓRIA

O *DNA da Cocriação*® é dedicado, em cada linha destas páginas, com muito amor, à minha irmã de alma, espírito, missão e luz, Jaqueline Bresolin. Sem a dedicação da sua vida ou até da sua alma aos meus projetos, nada do que sou existiria, muito menos este livro. Foram incansáveis noites sem dormir, vendo o dia amanhecer, para esta obra chegar ao mundo, em meio às crianças pedindo atenção, à empresa pedindo socorro e nós, à beira de um colapso nervoso, correndo contra o tempo, contra tudo e todos. Neste momento, eu choro de emoção e gratidão escrevendo esta dedicatória.

Dedico também ao Fernando, meu marido, pois para eu estar aqui há mais de 30 horas totalmente dedicada à reta final do livro, foi ele que deu jantar às crianças, banho, ajudou a fazer a lição de casa, deu atenção e os colocou para dormir. Fez tudo isso enquanto eu não parava sequer para comer ou descansar, focada em um propósito para o mundo. Quando as crianças crescerem, vão ler isto e lembrar que eu não estava lá, assistindo ao filme e rindo com elas, mas estava aqui, mudando o mundo, por vocês. Se apenas uma vida for tocada por este livro, tudo isso terá valido a pena. Eu vou me orgulhar da mulher, esposa e mãe que fui, mesmo ausente em alguns momentos, pois a missão pedia minha máxima dedicação e meu amor.

Dedico este livro aos meus três filhos: Arthur, Laura e Julia. Quando decidi escrevê-lo, senti um chamado tão forte que não tinha como negar. Era mais forte do que eu, mesmo sabendo que precisava descansar meu corpo, minha alma e meu espírito, em virtude de um lançamento recente, e todo meu crescimento profissional. Eu não sabia como escrever, como conseguiria, nem como faria, mas tinha de fazer. Sentia o chamado, sentia urgência, como se os meus mentores implorassem para que esse conhecimento fosse entregue ao mundo.

Aos prantos, eu escrevo esta dedicatória a eles. Sei que me escolheram, sei que têm orgulho da mamãe que se desdobra como escritora, empresária, treinadora, esposa, filha, mãe, chefe, dinda, prima, irmã, amiga, amante, namorada e consciência crística, por meio do trabalho de luz, despertando as pessoas no planeta.

Minha dedicatória e gratidão à minha amada mãe, em memória, Juraci Ourives. Quanta saudade sinto de você! Este livro é para você!

Dedico e agradeço à minha equipe que, carinhosamente, chamo de Equipe de Luz, porque vocês são, sim, a luz da minha vida. Vocês são a base de quem eu sou, por tamanha dedicação aos nossos alunos. Agradeço aos nossos mais de 1 milhão de seguidores e mais de 100 mil alunos, entre cursos gratuitos e pagos. Gratidão por seu amor e por confiarem a mim tamanha responsabilidade.

Dedico este livro à Eli, minha "tata", hoje governanta da minha casa, por sua dedicação aos meus filhos, à minha casa, à minha família e a mim com tanto amor e que, por várias vezes, enquanto eu trabalhava neste projeto, saía de casa com as crianças para que eu pudesse me concentrar 100% no livro.

Dedico à minha família – meu amado pai, Erevaldo Ourives, meus irmãos, Liane, Leandro, Andreia e Andressa Ourives, e minha madrasta, Helena Ourives. Eu os honro com muito respeito e amor.

Agradeço a você que está lendo, pois sua vibração sintonizou com o livro. Ele só existe por você. Sempre acreditei que o mais importante não são os acontecimentos, sejam eles bons ou ruins, mas como agimos diante deles. Para mudar a minha vida e construir uma nova história de luz, eu precisava agir com amor. Deste amor, nasceu o DNA da Cocriação®.

Gratidão à Editora Gente, por confiar em mim. Eu honro essa confiança. Gratidão ao Criador de Tudo o que é, por me escolher para viver esta Missão.

Beijos de partículas de luz!
Elainne Ourives

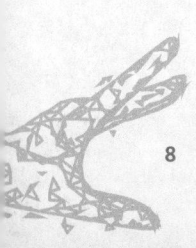

SUMÁRIO

APRESENTAÇÃO

Abril de 2006. Data em que entrei para o mundo de Elainne Ourives, mês em que este livro seria lançado, catorze anos depois. Seria uma coincidência? Hoje, eu entendo que não. Ela me ensinou isso. Quando você desperta para o mundo de infinitas possibilidades, aprende que coincidências não existem, pois a todo momento estamos cocriando nossa realidade.

E desde então, nossa vida tem sido marcada por essas sincronicidades. Não foi nada fácil chegar até aqui. Passamos por momentos e escolhas difíceis. Foram anos de noites em claro, sem finais de semana, feriados, férias... Afastadas de amigos, família, relacionamentos... Muitas lágrimas derramadas pelo caminho. Ninguém nos disse que seria fácil ou que o mundo entenderia o que estávamos fazendo, mas nada nos fez parar!

Essa é a história da Elainne; porém, depois de tanto tempo, ouso falar em NÓS, porque acompanhei a maior parte dessa trajetória. Acredito que todos nascemos com uma missão, e fugir dela é fugir de si mesmo. Elainne me mostrou a força e a importância desse sentimento. Trabalhar por uma missão, fazer algo que possa transformar as pessoas, deixar sua marca no mundo.

É isso que fazemos todos os dias, com cada palavra, cada imagem, cada gesto, cada informação. Tentamos deixar nossa marca, a marca do AMOR. E por mais difícil que tenha sido, não há nada mais recompensador do que ler as mensagens de gratidão e transformação que recebemos. Pessoas que já não viam sentido na vida recuperando o amor-próprio, o trabalho, a família, a dignidade.

São milhares de relatos recebidos diariamente. Eu me emociono demais ao ler cada um deles, pois sinto que, de certa maneira, fazemos parte dessas histórias de vitória, superação e conquistas. Se você, que está lendo esta apresentação, for uma dessas histórias, quero que sinta todo o meu amor e gratidão. Sinta-se abraçado e saiba que isso tudo só existe por sua causa. Esse caminho lindo de luz que Elainne segue começou quando ela tentava salvar a própria vida, mas só permaneceu pelo amor e pelo apoio de uma legião de pessoas apaixonadas, que renovam essa chama diariamente. Pelo seu amor.

E, agora, você está recebendo um grande presente que, não tenho dúvida, vai levá-lo para outro nível na vida. Não é à toa que Elainne recebeu liberação para transmitir todo esse conhecimento ao mundo exatamente neste ano. 2020 é um Ano de limpeza, renovação, de reconexão. Reconectar-se com sua essência divina e com seus dons.

É para isso que o *DNA da Cocriação*® surgiu. Para ajudar você a deixar de lado todo e qualquer sentimento que o esteja impedindo de ser quem você nasceu para ser. Despertar para a possibilidade de que, como dizia Shakespeare, "há mais mistérios entre o céu e a terra do que nossa vã filosofia possa imaginar". O Universo é um complexo paralelo onde você, eu, todos nós estamos conectados.

Tudo que está em sua mente pode ser materializado, tanto positivo, quanto negativo. O *DNA da Cocriação*® vai ensinar como você pode acessar a sua melhor versão. Você vai conseguir atingir qualquer objetivo ou plano futuro no momento presente, por meio deste conteúdo revolucionário que, com certeza, não chegou até você por obra do acaso.

E posso afirmar, com total convicção, que não existe ninguém com maior expertise e competência para conduzi-lo nessa Jornada de Transformação do que Elainne Ourives. Pois, além de todo conhecimento científico e embasamento teórico, ela experienciou tudo isso na pele. Falar e ensinar algo que você aprendeu é simples e fácil. Mas mostrar ao mundo o que você viveu, testou e aplicou na própria vida é incontestável.

Sinto-me completamente honrada por poder fazer parte de mais este projeto, que certamente vai marcar a história do planeta e impactar milhares de vidas. E agradeço a você, Elainne, do fundo da minha alma, por me permitir abraçar como minha a sua missão. Nunca lhe disse isso, mas todas as vezes que eu ia até a casa da sua mãe, ao me despedir, ela pedia que eu cuidasse de você. Isso tem sido questão de ordem em minha vida, e esteja onde eu estiver, vou continuar. Eu te amo!

Jaqueline Bresolin
Diretora de Negócios das Empresas Elainne Ourives
CEO Grupo Hertz Academy International

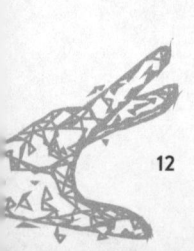

PREFÁCIO

CRIANDO UM NOVO EU HOLOGRÁFICO®

De Jean-Pierre Garnier Malet a Joe Dispenza, Max Planck, Albert Einstein, David Bohm, Amit Goswami, Deepak Chopra. Passando por Paul Langevin, Penney Peirce, Brian Greene, Niels Bohr, Tom Campbell, Lauro Trevisan, Carl Jung e Platão. Sob a orientação de Elainne Ourives, o trabalho de pesquisa científica para produção do livro *DNA da Cocriação® – Sintonize o Novo Eu* foi intenso e transformador.

Foram meses de apoio às pesquisas lideradas pela incrível Elainne Ourives – reconhecidamente a maior referência do Brasil e do mundo em cocriação da realidade, reprogramação mental e em Frequência Vibracional®–, para desvendar os verdadeiros segredos que permitem o acesso irrestrito ao Eu do Futuro, aos melhores futuros potenciais e prováveis, para se manifestar no momento presente, no aqui e no agora, além da frequência de origem do DNA, a partir da liberação estrondosa da vibração da glândula pineal.

Certamente, uma pesquisa criteriosa que buscou cruzar informações de todos os cantos do mundo, comprovando a existência de um duplo Quântico perfeito, que é você em um futuro alternativo, completamente realizado, vivendo experiências fantásticas, em um mundo paralelo e espiritual – ou energético, se você preferir –, totalmente alinhado à energia essencial encontrada no núcleo do DNA, no inconsciente e em todo o Campo Quântico (Matriz Holográfica®).

Para modelar a ideia do duplo Quântico, que é reconhecido como Eu Holográfico® no Método Holo Cocriação Ourives Quantum Hertz®, e sua manifestação inteligente do futuro para a realidade presente, de hoje, Elainne percorreu praticamente todas as teorias e práticas da Física Quântica. Passou por teoremas intrigantes como a Não Localidade, Correlação Quântica, Universo Holográfico, Paradoxo dos Gêmeos, Multiverso, Hiperincursão, Desdobramento Quântico do Tempo, Meta-Humanos, Homem Holográfico, Vácuo

Quântico, Observador da Realidade, Dupla Fenda, Lei da Atração, Lei da Vibração Quântica®, entre tantos outros conceitos aplicados ao DNA da Cocriação® e à sintonia com o Novo Eu.

Como resultado das pesquisas, Elainne apresenta, neste livro, um trabalho revolucionário e um método exclusivo para você encontrar o seu estado de perfeição e sintonizar futuros potenciais infinitos. O método Salto Duplo Quantum® é magnífico, completo e poderoso. Ele fará você acelerar no tempo, aumentar a sua velocidade de percepção Quântica da realidade e cocriar os sonhos que deseja em contato direto com o seu Eu Holográfico®.

Pedro Lichtnow
Diretor de Pesquisas Científicas do Instituto Ourives Academy

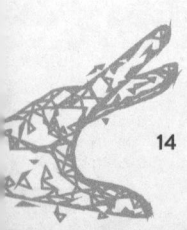

INTRODUÇÃO

"Você é um estado infinito de percepção Quântica da realidade."

10, 9, 8, 7, 6... Contagem regressiva? Não! Essa é a contagem expansiva para a sua vida transcender a realidade material, além de idealizar e sintonizar a sua nova versão Quântica completamente feliz e realizada em todos os campos da existência. Mas preciso perguntar: você está preparado para dar o maior salto duplo Quântico da sua vida?

> Você está preparado para dar o maior salto duplo Quântico da sua vida?

No livro *DNA da Cocriação®*, você vai aprender a cocriar sua vida de modo acelerado, através de métodos, reprogramações holográficas, técnicas e ativações Quânticas que vão preparar você para se tornar o dono da sua vida e escolher o melhor futuro potencial no Universo.

São princípios práticos que vão lhe conduzir a uma metodologia inédita e revolucionária de transformação humana, até alcançar sua versão ideal meta-humana e sintonizar o seu Novo Eu, que também chamamos de Eu Holográfico®.

Este livro explica como qualquer pessoa pode conquistar absolutamente tudo o que deseja, de modo muito simples e fácil de aplicar. Eu vou lhe ensinar tudo o que aprendi em 24 anos de pesquisas e estudos sobre o poder da mente humana e Cocriação da Realidade.

O Método Salto Duplo Quantum® ensina a saltar para outra vida, em uma dimensão paralela e futura, a melhor realidade provável no Universo, sem passar, necessariamente, por todas as etapas que passei ou mesmo compreender todo o conteúdo científico do livro.

O *DNA da cocriação®* vai ensiná-lo a cocriar uma nova versão de você através do Método Salto Duplo Quantum®, e das Leis da Manifestação e Cocriação de Sonhos.

Antes de aplicar as 10 Leis, você vai praticar a Reprogramação Holográfica 8-D Meta Jump Matrix®, que atua nos âmbitos mental, vibracional, biológico, celular e DNA, para cocriar seus sonhos, metas e projetos futuros, aqui e AGORA. Essa prática vai ajudar a acelerar o processo da cocriação e a sintonizar o seu Novo Eu.

Através da Técnica Pineal DNA Healing® vamos ativar e despertar o dispositivo natural da glândula pineal. Com isso, aumentará a vibração individual para sintonizar as frequências superiores e as faixas de vibração do Novo Eu do Futuro. Essa técnica desperta a sensibilidade, a percepção extrafísica e sua consciência para acessar o multiverso, captar mensagens, sinais e informações precisas do futuro, através do contato imediato com o Eu Holográfico®, aumentando seu Poder de Cocriação.

Você aprenderá a executar a Ativação Emosentizar Hertz®, feita diretamente no chacra do coração. Ela é acionada através de visualização holográfica avançada. Você vai alinhar todos os recursos do método, acelerar a emoção do próprio sonho (emoção, sentimento, ação) e cocriar sintonizando instantaneamente seu "Eu do Futuro".

Vou lhe ensinar a sintonizar o resultado alcançado, por meio da sua frequência Coerente Vibracional e da Reprogramação Informacional®. Como aquele sonho que tanto deseja, aquela versão que está tentando se tornar ou aquele estado de ser diferente da situação em que se encontra agora.

Ao observar o seu sonho Emosentizando® – termo que criei para explicar o processo de pensar, sentir e agir em coerência harmônica –, você ativa esse poder em si. Para isso basta vibrar em altas frequências para fornecer energia suficiente para a materialização desse sonho, o que chamamos Eu Holográfico®, sua melhor versão de consciência. É absolutamente incrível cocriar tudo o que você deseja.

> Cocriar é o termo usado para dar significado ao poder de ser o autor da própria vida.

Isso quer dizer que Cocriar é o termo usado para dar significado ao poder de ser o autor da própria vida, o cocriador dos seus sonhos. É o processo de criar, manifestar, materializar, colapsar, atrair, sintonizar, acessar, magnetizar sua realidade em coparticipação com o criador de tudo o que é, ou seja, Deus, o Universo ou Matriz Holográfica®.

Vou explicar cientificamente o que é cocriar no decorrer da obra. Porém, para que tenha dimensão dessa poderosa ação, ela representa a união da sua Frequência Vibracional® com a energia do Universo, para a formação do seu sonho.

Ocorre quando a sua vibração entra em fase e se integra com uma vibração igual no Universo, provocando o que a Física Quântica chama de Entrelaçamento Quântico. Basicamente, quando as partículas de energia se unem, dão aderência e formam alguma realidade material (seu sonho). Também falaremos sobre esse entrelaçamento mais à frente.

O importante agora é você saber que cocriação é o poder de cocriar com o Criador, Vácuo Quântico, Universo, Deus, seus Sonhos. Você só precisa coparticipar da própria vida, cocriando tudo que desejar. A Teoria do Desdobramento é a interpretação Quântica do "Eu" do Futuro, desdobrado no tempo. Ela ensina que temos um gêmeo, um duplo (outro eu de você, em outra forma), em outra dimensão não local, que aqui chamamos de Matriz Holográfica® e o seu Eu do Futuro chamamos de Eu Holográfico®.

> A parte mágica deste livro é ensinar como chegar até seu Novo "Eu" e acessar essa realidade.

A parte mágica deste livro é ensinar como chegar até seu Novo "Eu" e acessar essa realidade. Assim como o seu "Eu" Holográfico® já é aquilo que tanto vibra dentro de você, o "Eu" é nossa versão em estado Quântico (onda ou energia) e isso significa que, nesse estado, podemos cocriar tudo. Bingo! Está feito!

Portanto, o seu "Eu" pode Ser, Ter e Fazer tudo o que sua consciência observar. Somos cocriadores da nossa realidade. Ao descobrir tudo isso, você precisa assumir o seu poder e colocá-lo em prática.

Nas páginas seguintes, vou ensinar o que fiz, quais técnicas usei para me conectar com meu duplo por meio da consciência focada na minha melhor versão do futuro, e como materializei meus sonhos, com direcionamento consciente da energia cognitiva, mental, Física, etérica e emocional em meus projetos, hoje absolutamente todos realizados.

Sua mente precisa estar aberta às possibilidades, pois quando surgem novas descobertas científicas – seja a nosso respeito, sobre o sentido da vida, sobre do que é feito o Universo ou os átomos, que são as menores partículas no Universo e que compõem a realidade – tudo aquilo que aprendemos a vida toda, obviamente, também precisa mudar.

Quero que você encontre a chave Quântica do seu cérebro para conquistar tudo o que deseja. E olha que extraordinário: eu sei onde está a chave! Ela é um código mental para acessar o seu "Eu" Holográfico®, duplo vibracional, o seu "eu gêmeo", o melhor futuro que existe e experimentar a cocriação de qualquer realidade ou sonho possível no Universo.

Cheguei a essa grande descoberta após muitos anos de pesquisa. Quer saber onde está essa chave e como fazer o alinhamento vibracional instantâneo? Um dos Portais da Cocriação para alcançar o futuro desejado é a gratidão. Essa emoção produz energia de acesso e você entenderá, cientificamente, por quê.

Esses níveis de gratidão passam pelo Sensorial (Ação), pela Consciência (Mental) e pela Emoção que emana (Sentimento) ao Universo. Diria que é a tríade perfeita para ativar o seu poder de cocriação do futuro desejado, manifestar seu Eu Holográfico® e a realidade que tanto sonha viver hoje. A junção desses três níveis ou elementos faz você vibrar alto, na batida do Universo, acima de 500 Hertz, segundo a Escala Hawkins – outro estudo que explicarei na sequência do livro.

Estas, portanto, são as três fases da gratidão, que você precisa acionar para cocriar uma realidade de pura luz:

SER: agradeça pelo que é
TER: agradeça pelo que tem
FAZER: agradeça pelo que faz, para tornar seus sonhos reais, ações (o que é, o que tem e o que ainda não tem).

Agradeça pelo que precisa fazer para SER tudo o que deseja. Vivemos em busca da evolução, de quem somos para quem queremos SER. Para que isso ocorra, é necessário estar em total alinhamento (Pensamentos, Sentimentos, Ações). A mente (Pensamentos) produz Energia Cognitiva. O Sentimento produz Energia Emocional. E o seu Eu Holográfico® produz a Energia Física.

Juntos formam a energia atômica que chamo de Vibração Atômicamente. Ela é criada pela soma dessas energias e é a chave de acesso à Pineal, uma glândula localizada no epitálamo, parte central do nosso cérebro. O acesso aos Mundos Paralelos, onde estão localizados seu Eu Holográfico®, Potenciais Futuros e o Universo de Infinitas Possibilidades.

A partir do momento em que fazemos esse alinhamento, conseguimos vibrar na frequência do que chamo de Assinatura Energética Atômica,

> Agradeça pelo que precisa fazer para SER tudo o que deseja.

ou seja, uma espécie de código individual que conecta consciência, alma, espírito e corpo. Para o filósofo e matemático francês René Descartes, "existe no cérebro uma glândula que seria o local onde a alma se fixaria mais intensamente".

Esse local é a Pineal, é ela que representa a união das mentes consciente, inconsciente e cósmica com a Consciência. É o portal de acesso à vida que desejamos, a união do Ser (interior, microcosmos), do Ter (exterior, macrocosmos), ao Fazer (vácuo Quântico, eletromagnetismo vibracional).

Pensar, sentir, fazer, ser... Tudo precisa estar em total alinhamento, pois é a nossa vibração interior que nos levará à conquista dos nossos sonhos.

No Ser reside a consciência de realidade e a consciência de comunicação com nossos corpos físicos e energéticos. Quando focamos 100% de nossa atenção no melhor futuro desejado, conseguimos excluir fatores como ambiente, corpo, espaço-tempo e tudo que está ao redor. Quando tudo isso se funde a uma única energia (onda), você tem a sensação de flutuar, sair do corpo e é neste momento que você acessa as infinitas realidades, todos os potenciais futuros onde está seu Duplo Quântico (Eu Holográfico®).

Nesse estado mental coerente, o cérebro não distingue realidade de imaginação e você passa do Pensar ao Ser, sem precisar do auxílio de milhões de técnicas e limpezas, por isso chamo de cocriação instantânea. Esse é o nível de cocriação da realidade Holo Harmonização® – quando você está em sintonia com todas as coisas e simplesmente entra em fase com o Universo.

Isso é o verdadeiro Salto Duplo Quântico®. É o passo avançado ao qual tive acesso depois lançar o Treinamento Holo Cocriação de Objetivos, Sonhos e Metas. Não tive permissão de meus mentores para ensinar em meu primeiro livro físico, *DNA Milionário®*, mas agora será revelado ao mundo.

Então, prepare-se, pois no *DNA da Cocriação®* vou ensinar o passo a passo que utilizei em minha vida e que exercito diariamente, de maneira simples e prática, para que você também possa se beneficiar. Essa é uma experiência que ensino no meu treinamento presencial *Cocriador Milionário®*, pois não há como obter total compreensão sem prática, sem vivenciar as sensações, os sentimentos e as emoções (onda) do desejo, antes que este se manifeste na sua realidade (matéria), processo que vou explicar detalhadamente no segundo capítulo.

A TRANSFORMAÇÃO É REAL

Todos nós passamos por algum momento de nossa vida em que deixamos de aprender e nos damos conta de que nada mais funciona, nada dá certo, nada externo pode nos ajudar, nenhuma técnica pode eliminar o peso da dor, das memórias do passado e de fracassos vividos.

Parece que nada faz sentido, pois estamos vendo a vida de acordo com nossas crenças limitantes e com o nível de consciência e conhecimento que temos agora. Ou seja, olha-se a vida na perspectiva do passado e não do Eu Futuro. Vivendo no presente as mesmas histórias do passado, que se repetem, o tempo todo, como em um ciclo vicioso.

Por isso, quero que compreenda que existe um Campo Quântico invisível (Matriz Holográfica®) de pura energia e informação, ativado pela sua consciência. Apenas quando estiver no momento presente, aqui e agora (seu estado de presença), a Transformação se torna real.

Este campo está pronto para materializar toda sua realidade. Quando conseguir desviar toda a atenção do seu corpo, das pessoas ao seu redor, dos objetos, do ambiente, do tempo e do espaço, a ponto de esquecer-se da sua identidade, esquecer quem você é e que nasceu para viver em um corpo. Quando você se tornar apenas consciência de luz, entrará no Campo Quântico.

Matriz Holográfica®, pois lá não pode entrar com corpo e em formato humano.

Na Matriz Holográfica® só se pode entrar em estado de energia (onda – você acessa de olhos fechados em estado de meditação) e não na sua versão partícula (corpo humano), ou seja, você só se integra com seu Eu Holográfico® sem corpo nenhum, apenas como consciência (onda/energia). Este livro quer ensiná-lo através do Campo Quântico (Matriz Holográfica®), o seu Eu Holográfico® (Eu do Futuro, Eu Ideal, doble, gêmeo, duplo, anjo, espírito, perispírito, alma, Deus, mentores, mestres etc.), que você já é o que está tentando se tornar, e todos os seus sonhos estão em superposição Quântica, aguardando você escolher o que deseja.

> Quando você se tornar apenas consciência de luz, entrará no Campo Quântico.

Você não pode entrar na Matriz da Cocriação com seus problemas, com seu nome, suas dívidas, dores, angústias e frustrações; precisa entrar sem corpo algum. Só pode entrar em Estado Onda, Ponto Zero (estado meditativo, ausência total de pensamentos).

Quando aprender a fazer isso, transferir sua consciência partícula (quem você é hoje, cheio de dores, culpas, emoções e sentimentos) para sua versão onda, sua frequência de origem divina perfeita terá êxito nessa jornada ao futuro preferido. Quando aprender a estar no agora, você poderá dar um Salto Duplo Quantum® em sua vibração e acessar qualquer futuro que desejar.

No Campo Quântico, nossa não localidade, todos os futuros potenciais, todas as suas versões, já existem. Ou seja, você pode ser e pedir o que quiser. Mas precisa pedir do jeito certo, e eu vou ensinar como cocriar sua realidade na velocidade da luz. A cocriação instantânea acontece quando existe ressonância entre sua vibração e a vibração frequencial do seu melhor potencial futuro eleito (seu sonho).

Assim, sua Frequência Vibracional® é formada por energia, unida ao melhor futuro que está em potencial no campo – neste momento, você colapsa e materializa o que cocriou aqui, na nossa realidade 3-D (terceira dimensão). Existe um Eu Holográfico® ou Eu Quântico seu, que é poderoso, feliz, rico, amado, respeitado, reconhecido, bem--sucedido, milionário, completamente harmonizado com a natureza essencial do Universo, com as leis dinâmicas da vida e com todos os sonhos projetados, dentro de si e da realidade que deseja alcançar.

E é exatamente isso que você vai encontrar neste livro. Como sintonizar e identificar a sua melhor versão no Universo, o seu Novo Eu, para viver uma realidade esplendorosa, através do método Salto Duplo Quantum®, algo inédito e completamente revolucionário no mundo, criado e decodificado por mim. Vou mostrar, na prática, ao longo deste livro, como sintonizar o seu Eu Holográfico® e a sua melhor versão do futuro, deixando todo peso, angústia e desânimo lá no passado.

Posso fazer isso com total convicção de quem viveu tudo na própria pele. Aprendi parte do que ensino neste livro, em minha formação com Jean-Pierre Garnier Malet, com o neurocientista Joe Dispenza, com Deepak Chopra no seu curso Meta-Humanos (com quem hoje também tenho a honra de dividir o palco como palestrante), e a compilação de estudos aprofundados de Gregg Braden, Bruce Lipton, Tony Robbins, e até na minha formação com Amit Goswami como Multiplicadora do Ativismo Quântico no mundo.

Eu fui decodificando esta linha de estudo, fui compilando os fragmentos de informações e pesquisas espalhadas em todos os cantos do mundo e, hoje, ensino você a utilizar as ferramentas certas – como a força mental, o poder da intenção positiva, a alta concentração no estado presente; técnicas e práticas exclusivas, comportamentos e ações gravados vibracionalmente em cada molécula e célula do seu corpo – para transformar sua vida e seu futuro imediato.

> Existem outros Eus Holográficos® de você espalhados por toda a existência.

Existem outros Eus Holográficos® de você espalhados por toda a existência. Por exemplo: existe uma versão sua (duplo) que já é rica, poderosa, feliz, próspera, amada, magra, casada, solteira, pobre, respeitada, reconhecida, bem-sucedida, milionária. Essa e outras realidades estão em superposição, em potenciais Quânticos, são suas versões de caos ou ordem.

Através do Salto Duplo Quantum®, da prática de reprogramação mental Meta Jump Matrix®, da Técnica Pineal DNA Healing® e da Ativação Emosentizar Hertz®, além de várias ferramentas completamente revolucionárias no mundo, eu vou guiar você para cocriar a realidade desejada, a partir da vibração do DNA.

> Bem-vindo ao meu mundo de infinitas realidades.

Bem-vindo ao meu mundo de infinitas realidades. A partir de agora, nosso mundo paralelo. Escolha sua nova versão e venha comigo para sua nova frequência de luz. Sintonize seu Novo Eu!

Um beijo com partículas de luz!

Elainne Ourives

CAPÍTULO I

ACENDA SUA LUZ INTERIOR!

P or muitos anos da minha vida, procurei a resposta externamente. Eu queria saber qual era o caminho para superar a grave crise financeira em que me encontrava. Com mais de R$ 700 mil em dívidas, sozinha e com filhos pequenos, eu precisava encontrar uma solução para vencer uma depressão pós-parto e suicida (marcada por cinco tentativas contra minha própria vida).

> Eu queria saber qual era o caminho para superar a grave crise financeira em que me encontrava.

Sofria com sentimentos de culpa, escassez e tristeza tão intensos, que me faziam acreditar que não havia cura. Eram angústias, dilemas, vitimização, acusações, automutilação, desilusões, sentimentos de falta, de rejeição, abandono, insegurança, não merecimento, menos valia, incapacidade, vingança e baixa autoestima.

Além do fracasso na minha carreira e resultados inexpressivos na profissão, eu morri em vida, estava com meus principais pilares destruídos. Em meio ao labirinto da minha mente só existia uma saída: a morte. Sair daquele lugar, que eu mesma criei, era muito difícil. Mesmo com tanto esforço e dedicação, a sensação era de imobilidade. Eu aplicava todas as técnicas que aprendia, uma a uma, e não conseguia mudar.

Hoje entendo tudo. Sei exatamente o que aconteceu e por que não funcionava. Minha busca era incessante e, naqueles momentos de completa escuridão, algo dentro de mim sempre apontava para uma direção, para o mesmo ponto: o caminho de luz. Eu não sabia como nomear esse sentimento, por isso chamava de intuição. Hoje compreendo que aquela luz era obra do Criador, Deus, e entendo por que ele me guiava.

> O Universo é amor, Deus é amor e, ao sentir amor dentro de você, toda a sua vibração o levará para esse lugar de luz.

O Universo é amor, Deus é amor e, ao sentir amor dentro de você, toda a sua vibração o levará para esse lugar de luz, mesmo que não saiba ou não acredite mais que sua vida tem jeito. Com o passar do tempo, entendi o verdadeiro caminho que precisava trilhar como missão de vida. Todos os meus estudos, ao longo dos anos, mostraram algo que eu já sabia. Mesmo vivendo na pobreza, escassez e muita tristeza, o que aliviava meu coração era viajar para um Universo não local, para a minha Matriz Holográfica®.

Todos os dias, quando a dor gerada por dívidas, insegurança, angústia, medo e desespero aumentava, eu fechava meus olhos e viajava, mentalmente, para o Mundo Encantado de Nani, nome que criei para o mundo dos meus sonhos. Lá encontrava minhas múltiplas versões, as minhas versões de prosperidade, felicidade, riqueza, amor, harmonia, e era tão reconfortante e harmônico viver ali que, às vezes, ficava duas horas por dia no Mundo de Nani. Bastava fechar os olhos e me teletransportar até meus sonhos.

> Nesse mundo invisível, aliviava minha dor e a realidade triste em que eu vivia, pois encontrava tudo que eu clamava viver.

Nesse lugar encantado, o país do Quantum, fui aprendendo a cocriar minha realidade, colocando em prática todas as técnicas que estudava. Nesse mundo invisível, aliviava minha dor e a realidade triste em que eu vivia, pois encontrava tudo que eu clamava viver.

Meus sonhos, a realidade desejada e o destino de sucesso que tanto almejei já existiam em superposição Quântica e pulsavam na minha essência divina de luz.

Quanto mais eu viajava para meu mundo encantado, mais as coisas melhoravam, e eu nem sabia, naquele momento, o poder do que estava fazendo. Queria apenas fechar os olhos, fugir daquela realidade que doía, maltratava e angustiava. Com o tempo, quanto mais eu estudava, mais consciência tinha sobre o poder que existia nessas Visualizações Holográficas®.

Aprendi que quanto mais você opera em um estado criativo e elevado, como o amor, a gratidão e a compaixão, mais você irradia esses sentimentos, formando um campo vibracional ao redor do seu corpo que se expande. Com essa expansão, é possível afetar o cérebro e o corpo de outras pessoas que entram em ressonância com você. Essa foi minha maior e mais importante compreensão, fato que experienciei na pele e mudou minha vida.

Quanto mais eu elevava a minha frequência, mais pessoas importantes para meus negócios eu conhecia, pois estava entrando em ressonância vibracional com essa alta frequência de luz.

CONSCIÊNCIA MENTAL

Eu já tinha consciência sobre os poderes da mente para a manifestação da realidade e, desde os meus 16 anos, já era fascinada pelo tema. Sabia, intuitivamente, que existia um grande poder. Lembro que, na escola, eu era o que se considera o "patinho feio", enquanto as minhas amigas eram lindas, maravilhosas. Porém, era eu que arrasava.

Confesso que, às vezes, nem eu acreditava, mas, ao mesmo tempo, desejava, intencionava e agradecia por ser linda como minhas amigas. E me sentia muito poderosa

> "A Mente cria o Corpo! A Vida é uma projeção da sua Mente".

com isso. Lembro que sempre fiz muitos testes mentais sobre tudo que eu seguia aprendendo. O estudo sobre poderes mentais desde muito cedo me ajudou a decifrar vários pontos sobre a realidade e a manifestação da vida através da mente e da energia, que seriam decodificados e compreendidos anos mais tarde, no desenvolvimento das minhas pesquisas, estudos e experiências particulares.

"A Mente cria o Corpo! A Vida é uma projeção da sua Mente", isso levo comigo desde então.

ESTUDOS PIONEIROS

Tornei-me uma treinadora mental de cocriadores de sonhos, compilei estudos que estavam espalhados em muitos cantos do mundo, fui pioneira em cocriação, reunindo pesquisas sobre Frequência

Vibracional®, Física Quântica, Reprogramação Mental, Programação Neurolinguística, Psicologia Positiva, estudos avançados sobre DNA, Biologia da Crença, Manuscritos Perdidos, Consciência Crística, Campos Morfogenéticos, Epigenética, Neurociência, Espiritualidade e Leis Cósmicas do Universo.

Fui treinada, como destaquei na Introdução, por importantes físicos e cientistas da atualidade: Tom Campbell (ex-Nasa), Amit Goswami, Jean-Pierre Garnier Malet, Bob Proctor, Joe Dispenza. Sou Trainer Advancer, formada e certificada por Joe Vitale. Participei de vários seminários internacionais com Gregg Braden, Tony Robbins, Bruce Lipton entre outros especialistas conceituados.

Tive a honra de dividir o palco palestrando com Fred Alan Wolf (Dr. Quantum), Amit Goswami e Deepak Chopra. Me tornei multiplicadora oficial do Ativismo Quântico no Brasil e no mundo. Sou formadora de treinadores de Joe Vitale no Mundo.

Lancei meu primeiro treinamento on-line, Como Cocriamos Nossa Realidade®, em 2014, quando esse termo não era usado e sequer existia referência sobre Frequência Vibracional® (nome, por sinal, registrado por mim cinco anos atrás). Criei o PowerMind Quântico® – A Frequência Vibracional do Milagre®. Em seguida, o treinamento completo on-line Holo Cocriação® de Objetivos, Sonhos e Metas, hoje com mais de 50 mil alunos em 27 países.

Também criei Frequência Hertz®, Frequência Vibracional®, Alta Frequência®, Cocriando Dinheiro®, Start Quântico®, DNA do Amor®, Emosentizar®, DNA Cura Quântica®, Quanticamente Magra®, 22 Cosmos Chacras Estelares®, Contratadamente®, HoloKIDS®, Cocriador de Riqueza®, Sintonia da Fortuna®, Cocriador Milionário®, DNA Milionário®, Afrodithe®, Mente Quântica®, Ho'oponopono Quântico® e escrevi mais de cem livros digitais sobre o tema, todos publicados em meu site.

Sou criadora da poderosa Técnica Hertz® – Reprogramação da Frequência Vibracional®, praticada por mais de dois milhões de pessoas ao redor do mundo. É importante destacar também que as práticas que ensino para reprogramação mental e cocriação da realidade são validadas cientificamente com depoimentos registrados em cartório.

O Instituto Hertz Ourives Academy® dispõe de mais de 100 mil provas sociais documentadas e depoimentos transformadores, postados em redes sociais. São mais de três mil cartas registradas em cartório, com relatos de conquistas, validando o método aplicado e ensinado nos treinamentos e agora nos livros.

Em 2019, lancei meu primeiro livro físico, *DNA Milionário®*. Em vinte e quatro horas, foi o livro mais vendido do Brasil, e em trinta e três dias, alcançou o primeiro lugar na lista dos mais vendidos do PublishNews. Foi minha cocria-

> O livro provou para o mundo que podemos cocriar nossa realidade e, através da nossa consciência, cocriar tudo!

ção total, pois antes de ter uma editora, eu já desejava ser autora do livro mais vendido do Brasil. O livro provou para o mundo que podemos cocriar nossa realidade e, através da nossa consciência, cocriar tudo!

Nosso estado mental (Consciência), ou seja, nosso Ser Consciente (Mente) pode ser modificado, transformado, transmutado com o poder que já existe dentro de cada um de nós. Porém, só temos consciência de cocriar o que desejamos quando mente, sentimento e corpo se tornam um só. Quando isso acontece, o observador, que é você, influencia toda a energia ao seu redor e pode colapsar eventos de futuros alternativos para a realidade presente. Assim, tudo o que não sei não existe para mim.

Quando você observa a realidade desejada, essa onda atravessa as barreiras do espaço-tempo, desde que o olhar do observador da realidade – que é você, sua consciência ou Eu Holográfico® – tenha fé, intenção positiva, acredite, experimente e viva todas as sensações de materialização desse desejo, em primeira instância, dentro de si.

O OLHAR DO OBSERVADOR

A atenção do olhar do observador da realidade, representada pelo experimento da dupla fenda – termo que detalharei mais adiante – define se o seu sonho se transformará em partícula (matéria) ou permanecerá apenas em estado de onda (energia), sem qualquer composição.

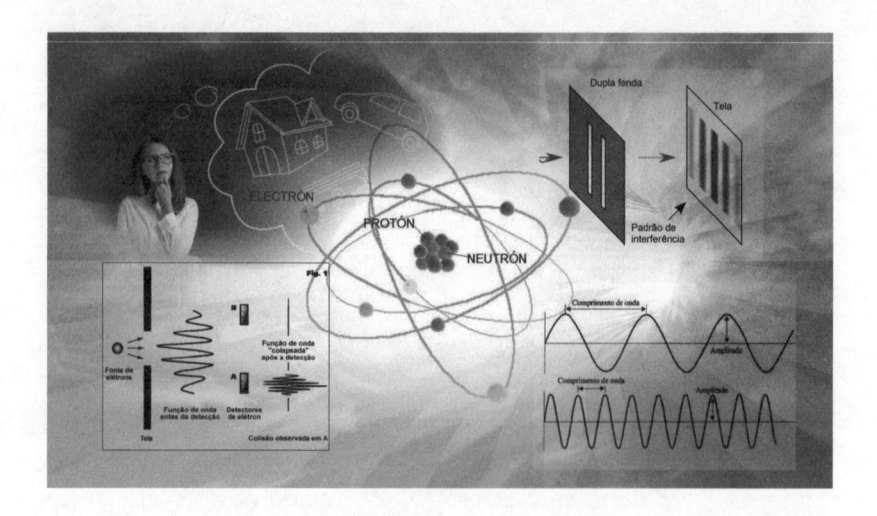

Figura 1. Nosso olhar determinará se nossos sonhos serão partículas (matéria) ou onda (energia). Quando olhamos para nossos sonhos, que são feitos de energia (átomos), fazemos com que a onda (energia) entre em colapso, o que chamamos de partícula.

Para a Física Quântica, tudo é energia (onda), desde os átomos até nosso Eu Holográfico®; e quando observamos nosso potencial futuro, estamos colapsando (criando, cocriando) a realidade. Quando não estamos olhando para os nossos sonhos, o elétron se espalha como uma única energia em onda de infinitas possibilidades com potenciais futuros possíveis de realização.

Veja na imagem que, no experimento da dupla fenda, a partícula atravessa a parede com duas fendas, como partícula ou como onda. Pois, para se tornar partícula e passar por apenas um buraco na parede, ela precisa, definitivamente, do olhar do observador (sua mente, sua intenção) e de sua atenção constante. Sem esse olhar, ela segue como onda de energia e espaça por ambas as fendas.

USE O PROCESSO CRIATIVO

Dentro do seu cérebro está o poder criativo da imaginação, que determina tudo que pode ser manifestado, materializado, atraído ou cocriado para sua vida. Sua capacidade fenomenal para projetar o futuro, antes mesmo de ele acontecer. Pois há uma rede de conexões sinápticas que permite esse processo, além da neuroplasticidade da mente e da teoria do desdobramento Quântico do tempo.

Isso até pode parecer um fato simples, mas é um dos recursos mais poderosos que existem dentro de você para projetar a realidade sonhada e sintonizar seu Eu Holográfico®. O mundo dos sonhos está registrado em sua nuvem de pensamentos, no seu cérebro, no seu Campo Quântico e em todo o seu sistema emocional, naquilo que você acredita e sobre o que passa a ter convicção.

Está naquilo que você entende como realidade, seja imaginação ou fato concreto, pois a mente não sabe separar realidade de imaginação. Por isso, a vibração construída pelo processo imaginativo é a mesma de um evento real, e é isso que vai colapsar seus desejos.

UNIFICAÇÃO TRIDIVINA®

O Universo não fala português, ele responde à nossa frequência, e essa frequência é a soma da sua energia, que é produzida e criada pelo que pensa, sente e age (sua imaginação em ação). Assim, você se comunica com o Campo Quântico por meio da Unificação Tridivina®: pensamento (onda), sentimento (pico da onda vibratória) e ação ou comportamento (partícula).

> O Universo não fala português, ele responde à nossa frequência.

Nossos pensamentos possuem energia e impulsos elétricos produzidos pelo cérebro. Acontece da seguinte maneira: o seu pensamento possui a imagem modelo do que você deseja e envia sinais elétricos para a Matriz Holográfica®. Com isso, apenas o sentimento, por meio da força do coração e das emoções com frequência elevada, tem poder de magnetizar essas imagens (sonhos) para a sua realidade.

Mesmo assim, apenas a ação individual, que chamo de Deus em ação dentro de cada pessoa, através do comportamento, pode produzir a matriz dos sonhos. O cérebro é verbal, verbos remetem a ação, comportamento, atitude, que resulta em colapso de onda

– termo utilizado pela Física Quântica para explicar a criação da realidade, partindo da premissa de que criamos tudo o que pensamos.

Colapsar significa explorar as ondas de infinitas possibilidades que existem no Universo com a consciência de observador e com foco no objetivo final. Se mudarmos o estado de ter para o estado de ser, mudamos a realidade. Fique tranquilo que nos próximos capítulos vou explicar detalhadamente como funciona esse processo. Você só colapsa a função de onda, muda, cria ou transforma quando esses poderes se unificam, ou seja, todos se tornam um só, em alinhamento.

> Colapsar significa explorar as ondas de infinitas possibilidades que existem no Universo com a consciência de observador e com foco no objetivo final.

Esse estado de ser vibracional influencia todos os átomos do nosso mundo, mudando atomicamente a realidade pessoal. Isso quer dizer que os pensamentos são elétricos, os sentimentos magnéticos e a ação gera força para o pulso eletromagnético vibrar e sintonizar os sonhos para que se tornem realidade. **Porém preste atenção, o que faz o alinhamento acontecer é a energia das emoções.**

SEM EMOÇÃO NÃO EXISTE RESULTADO

O pensamento sem emoção não tem resultado. Ele precisa de um ativador para cocriar energia. Esse ativador é produzido através do sentimento, porém ele apenas se manifesta quando suas ações são coerentes com a vibração (emoção + sentimento + ação).

Diante de toda essa perspectiva incrível, eu quero ensinar a você e ao mundo, que o Campo Quântico – que o escritor David Hawkins chama de Campo Atrator e eu chamo de Matriz Holográfica® – não responde aos seus desejos, pensamentos, sentimentos ou emoções. O Campo Quântico (Matriz Holográfica®) responde apenas à Emosentização® – que ocorre quando a Unificação Tridivina® está ativada e coerente. Só assim você poderá emitir o sinal correto ao Universo, magnetizando e cocriando novas realidades.

ESCALA DE HAWKINS

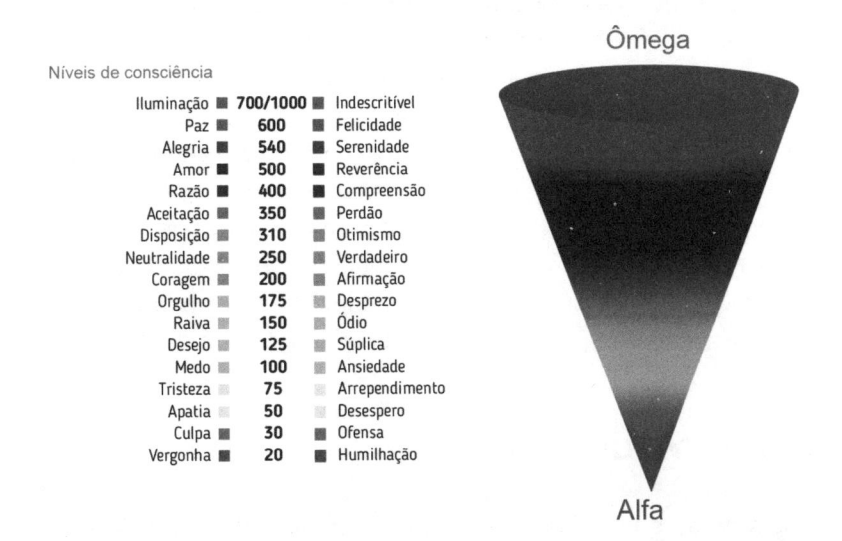

Níveis de consciência

Iluminação	700/1000	Indescritível
Paz	600	Felicidade
Alegria	540	Serenidade
Amor	500	Reverência
Razão	400	Compreensão
Aceitação	350	Perdão
Disposição	310	Otimismo
Neutralidade	250	Verdadeiro
Coragem	200	Afirmação
Orgulho	175	Desprezo
Raiva	150	Ódio
Desejo	125	Súplica
Medo	100	Ansiedade
Tristeza	75	Arrependimento
Apatia	50	Desespero
Culpa	30	Ofensa
Vergonha	20	Humilhação

Ômega

Alfa

Tudo isso faz parte de um processo fantástico, combinando a imagem do pensamento à emoção do sentimento, alinhados vibracionalmente com o coração cheio de amor. Desse modo nos vem a certeza, a intenção clara, um pensamento puro de paz, sem ansiedade, sem tensão e medo, para que possamos enviar sinais para o Universo através da nossa Frequência Vibracional® (Soma de Pensamentos, Sentimentos e Ações), e então o campo responde instantaneamente, pois ele responde a quem você é e não ao que você quer.

SER PARA TER

Quero ensinar você, portanto, a ser o que quer ter, uma vez que todas as realidades existem em potencial na Matriz Holográfica®. O seu estado de ser magnetizará o que estiver em ressonância com sua vibração. O campo responde ao alinhamento e ao sinal coerente. Para a mente, tudo é matéria e nossos pensamentos são entendidos como verdade. A maneira como se comporta está criando sua realidade agora. Pois você não cocria o que deseja e sim quem você é agora!

> A maneira como se comporta está criando sua realidade agora.

Eu o convido a respirar profundamente neste momento. Feche seus olhos, sinta o ar entrando e saindo, fluindo por todo o seu corpo. Faça isso durante alguns minutos e ao despertar esteja ainda mais preparado, pois nós estamos apenas começando, meu querido amigo. Esse é um convite para abrir cada vez mais o seu coração, despertando os sentimentos que há muito tempo estão bloqueados dentro de você, pois você está acordando para seus poderes cocriadores, assumindo o poder sobre sua própria vida.

DESPERTAR QUÂNTICO

Antes de aprender a cocriar minha própria realidade, precisei despertar, sair de um sono profundo. Acordar da *Matrix* da existência humana, da visão mecanicista, da lógica newtoniana (Física clássica de Newton) e da ilusão da matéria. De fato, foi preciso desprogramar a minha mente para programar uma nova realidade e acessar todos os potenciais futuros incríveis que desejei viver e sempre sonhei.

Com muita dedicação, práticas vibracionais e técnicas de autoaplicação, inclusive a própria Técnica Hertz®, eliminei todas as minhas crenças sobre o mundo material. E você entenderá como isso acontece mais para frente, fique tranquilo, um passo de cada vez.

ONDAS COERENTES E INCOERENTES

Quantas vezes você tentou criar alguma coisa achando que daria tudo certo, mas não deu? Com aquele sentimento de "Eu queria muito, mas muito..."? Porém, convenhamos: se você quer muito, significa que você não tem! Correto? Nessa situação, você está emitindo falta, e não abundância e harmonia!

Você queria algo com a mente, mas o coração e sua ação estavam no sentido inverso, no de escassez, como se você percorresse o sentido contrário do tempo no seu relógio. Com isso, o pulso elétrico foi emitido, porém magnetizou mais falta e escassez, assim, ondas incoerentes dissiparam e descolapsaram seu sonho. Por isso, reforço: mudar sua vida é mudar sua energia, ser outra versão de você. Enquanto continuar

> Quantas vezes você tentou criar alguma coisa achando que daria tudo certo, mas não deu?

a ser a mesma pessoa, sua frequência e seu código de barras – sua Assinatura Vibracional Eletromagnética® – permanecerão os mesmos, tudo será do mesmo jeito.

Mudar é transformar algo dentro de você, reprogramar as informações de dentro para fora. O sinal para o campo só funciona quando existe alinhamento coerente, quando nosso pensamento está alinhado com sentimento e as emoções estão em movimento, em ação. Agindo e se comportando de acordo com seu sonho. Agora!

Se houver foco na intenção com frequência de amor, alegria e harmonia, você transmitirá um sinal eletromagnético mais forte, mais intenso. Eu chamo de interferência construtiva de maior probabilidade, isso sintoniza uma realidade potencial correspondente aos nossos desejos.

Fluxo de energia Criativa no Corpo

Níveis de Consciência das Emoções

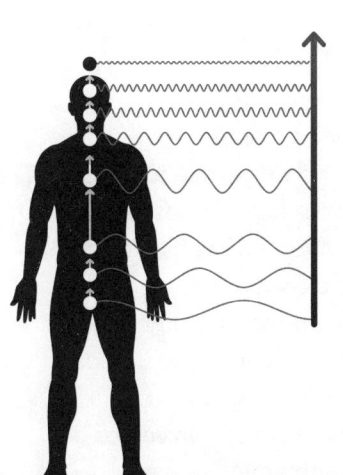

Emoção	Valor	Oposto
Iluminação	700/1000	Indescritível
Paz	600	Felicidade
Alegria	540	Serenidade
Amor	500	Reverência
Razão	400	Compreensão
Aceitação	350	Perdão
Disposição	310	Otimismo
Neutralidade	250	Verdadeiro
Coragem	200	Afirmação
Orgulho	175	Desprezo
Raiva	150	Ódio
Desejo	125	Súplica
Medo	100	Ansiedade
Tristeza	75	Arrependimento
Apatia	50	Desespero
Culpa	30	Ofensa
Vergonha	20	Humilhação

Ômega

Alfa

O segredo está em emitir um sinal coerente ao campo. E você só consegue isso Emosentizando® seu sonho, pelo alinhamento dos três cérebros – cérebro Mental (mente), cérebro Emocional (coração), cérebro Físico (Intestino); vamos aprofundar esse estudo no próximo capítulo. Se você não está cocriando o que deseja é porque o sinal está incoerente, confuso, desarmônico para o Campo Quântico da Matriz Holográfica®.

Como isso acontece? Você pode estar pedindo amor, alegria ou riqueza (ondas coerentes), mas sentindo ódio, tristeza ou pobreza (ondas incoerentes). Não é possível querer amor sentindo e agindo como solitário, abandonado, rejeitado e sozinho. São ondas incoerentes, dissonantes e, por isso, você não vai cocriar nada.

> Quando corpo, mente e coração estão em oposição ao corpo, produzem ondas incoerentes e frequências de baixa vibração.

Pensamento é a linguagem do cérebro enquanto sentimento é a do coração. Quando corpo, mente e coração estão em oposição ao corpo, produzem ondas incoerentes e frequências de baixa vibração. Consequentemente, o Campo Quântico não responde, pois ele só funciona em coerência harmônica (alinhamento), ou seja, na Frequência Vibracional® humana da harmonia. A coerência é que faz os átomos assumirem formas harmônicas. Uauu! Bingo!

CIÊNCIA: CONVERGÊNCIA E DESCRENÇA

O essencial Ponto de Harmonia entre a Física Quântica e a Física Convencional é a ideia de que todas as coisas no Universo são constituídas por átomos – as micropartículas da vida –, seja o nosso corpo, as estrelas ou os planetas. Por essa mesma linha de pensamento convergente entre as diferentes correntes da ciência, seja a convencional, seja a Quântica, se tudo é formada por átomos e o núcleo do átomo é feito de energia, então, o que determina a formação da vida é a energia, e não algo material e rígido.

O átomo rege a vida nesta dimensão ou em outros Universos a partir do entrelaçamento Quântico, do emaranhamento vibracional e por meio do princípio da não complementaridade.

SOMOS FEITOS DE ENERGIA

E de onde vem a inteligência que faz nosso coração bater? Do sistema nervoso autônomo, parte do sistema nervoso no cérebro. Dentro do cérebro existem tecidos que são responsáveis por fazer o coração pulsar. Esses tecidos são feitos de moléculas, que são feitas de átomos. Átomos são feitos de partículas e partículas são feitas 99,99999999% de pura energia!

Somos onda de energia, formados de informação, que é a base de toda a realidade que vivemos. Reflita: o Campo Quântico é a energia de Ponto Zero da Matriz Holográfica®, formada de inteligência invisível (que é pura energia) em potencial infinito, capaz de se organizar a partir de partículas, átomos, moléculas, sonhos, ou seja, infinitas realidades, esperando você escolher o que deseja. Agora quero que você entenda de uma maneira mais simples: A energia precisa tomar forma, pois se transforma na imagem que está na sua mente, de acordo com sua Assinatura Eletromagnética®.

> A energia precisa tomar forma, pois se transforma na imagem que está na sua mente, de acordo com sua Assinatura Eletromagnética®.

Ela organiza molécula em célula, depois tecidos, órgãos, sistemas e o corpo como um todo. Somos onda de energia transportando informação (Frequência Vibracional®) e essa frequência é a base de toda realidade Física, porque a inteligência invisível organiza-se em matéria, de acordo com a intenção desejada quando definida em ondas coerentes.

DO QUE O DNA É FEITO?

Tudo é constituído de átomos de energia. Quando sugiro tudo, é tudo mesmo. Por exemplo: do que o DNA é feito? O DNA (ácido desoxirribonucleico) é uma molécula presente no núcleo das células de todos os seres vivos. Ele carrega toda a informação genética de um organismo e é formado por uma fita dupla em forma de espiral (dupla hélice), composta por nucleotídeos.

O DNA é uma molécula, mas não apenas isso, ele é a molécula da vida. Do que você acha que as moléculas são feitas ou produzidas? Mais uma vez, de átomos. A incrível diferença entre a Física Quântica e a clássica, nesse ponto, é que a Quântica sustenta a ideia de que o átomo é feito de energia, e não de matéria.

Além disso, acredita-se que o átomo não é estático, denso ou sólido. Ao contrário, ele está em movimento e, por isso, contém frequência e vibração. Já a Física convencional crê na solidez da existência e na falta de plasticidade da vida. São, efetivamente, pontos discrepantes e pensamentos distantes um do outro, mas que, a meu ver, podem entrar em convergência sobre vários aspectos em benefício da sociedade, do homem e da evolução da Terra.

MUDANÇA SEM-FIM

"Mudar sua vida é mudar sua frequência, fazer uma transformação na sua mente e nas emoções."

Tudo pode ser alterado e transformado, como foi no meu caso e também no de milhares de pessoas. O segredo para toda a transformação e cocriação de futuros alternativos está, segundo a Física Quântica, na capacidade de alterar a polaridade ou o *spin* do átomo de negativo para positivo, do micro para macro, do interno para o externo. Do invisível para o visível. De uma rotação lenta para uma rotação acelerada. De ondas incoerentes para ondas ressonantes ou coerentes.

Basta, portanto, acelerar a velocidade e mudar a polaridade do átomo, aumentando sua Frequência Vibracional® para alterar, modificar e transformar a realidade, alcançar o futuro desejado, acessar o seu Eu Holográfico® e modelar qualquer evento desejado no plano físico.

OLHAR PODEROSO

A capacidade para mudar a realidade, em qualquer ponto do Universo ou em mundos alternativos, é confirmada por testes científicos, como o experimento do olhar do observador da realidade, de Thomas Young. Esse experimento, feito em laboratório há mais de cem anos, demonstrou que o olhar do observador é capaz de determinar a realidade. Ele mostrou que a atenção do

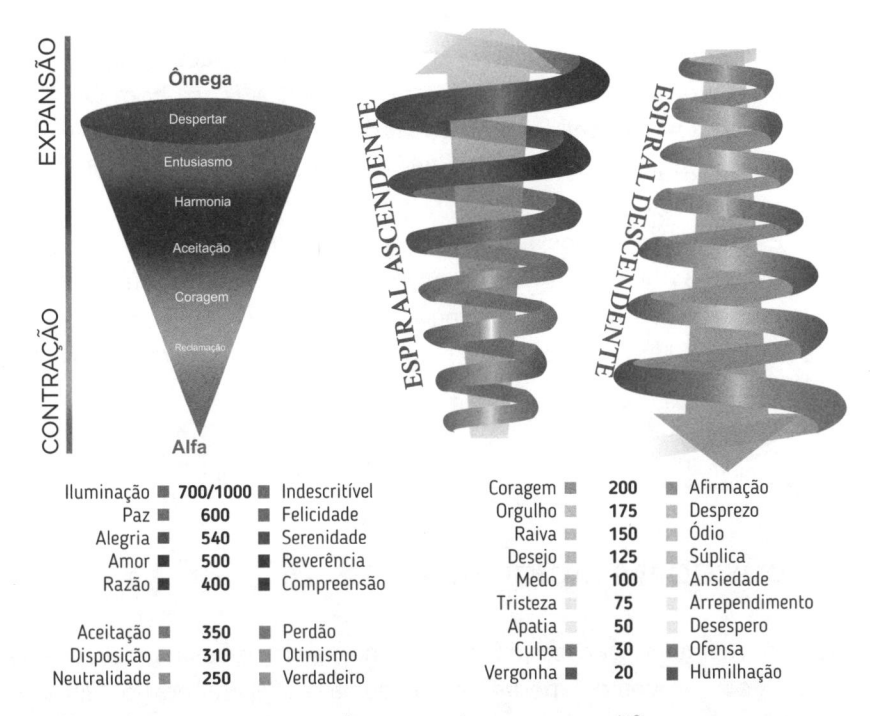

Iluminação	700/1000	Indescritível		Coragem	200	Afirmação
Paz	600	Felicidade		Orgulho	175	Desprezo
Alegria	540	Serenidade		Raiva	150	Ódio
Amor	500	Reverência		Desejo	125	Súplica
Razão	400	Compreensão		Medo	100	Ansiedade
				Tristeza	75	Arrependimento
Aceitação	350	Perdão		Apatia	50	Desespero
Disposição	310	Otimismo		Culpa	30	Ofensa
Neutralidade	250	Verdadeiro		Vergonha	20	Humilhação

olhar dos cientistas, no decorrer do teste, modificou a estrutura do elétron quando este foi observado ao passar por uma parede com dupla fenda. Ou seja, quando observado, o elétron assume a forma de partícula.

Porém quando deixa de ser observado, age como onda de energia, sem aderência ou forma Física. Esse estado dual do elétron ou átomo é classificado pela Física Quântica como o princípio da onda/partícula.

MATRIZ ESSENCIAL

Quando entrei para o mundo da Mecânica Quântica, acreditei em algo maior e pude experienciar cada palavra em situações vividas por mim diariamente. Pude ter a certeza da Realidade Maior ou Realidade Essencial, da possibilidade de mudar a estrutura Quântica de qualquer evento e alterar a projeção presente do melhor futuro eleito, quando vários experimentos da Física Quântica demonstraram que o Universo é formado por um campo unificado de energia, denominado Vácuo Quântico.

Gregg Braden, pesquisador norte-americano e autor do best--seller *A Matriz Divina*, afirma que experimentos feitos com DNA, placenta humana e células do corpo mostram que todos têm a mesma energia primária do Universo ou a própria Matriz Holográfica®, como chamo no meu método e destaquei desde o início do livro.

Essa energia essencial está em tudo, no DNA, em cada célula, molécula ou objeto que existe no Universo, em mundos Quânticos e no acesso ao seu Eu Holográfico®. Ela conecta tudo vibracionalmente, do microcosmo ao macrocosmo. Você e o seu Eu do Futuro interagem através desse campo de energia.

> Essa energia essencial está em tudo.

TODOS CORRELACIONADOS

Somos realmente capazes de interferir nessa matriz de energia, conforme comprovou o experimento da dupla fenda, e alterar os fatos dessa realidade ou de mundos paralelos por meio da vibração emitida por nosso campo ressonante. Isso acontece porque os átomos estão interligados. Todos somos um. Estamos todos interligados.

> Todos somos um. Estamos todos interligados.

A Teoria das Cordas, proposta e desenvolvida em intervalos diferentes da história pelos físicos Theodor Kaluza (alemão) e Edward Witten (norte-americano), aborda este fator: todos os átomos estão correlacionados uns aos outros, independentemente da faixa vibracional em que se encontram, por frequência, vibração e estados gravitacionais ondulatórios.

A comunicação entre eles é instantânea e espontânea. Por isso, os mundos alternativos e paralelos convergem, os Eus Quânticos (holográficos) estão correlacionados e as realidades estão plenamente fundidas no espaço-tempo ou fora dele. Todos estamos entrelaçados. Todas as realidades coexistem ao mesmo tempo.

Ainda por esse princípio, você tem um campo de luz, uma frequência ou faixa vibracional. Essa faixa, medida em Hertz, está associada à qualidade de suas emoções, seus pensamentos e seus comportamentos. Eu tenho estudado há vários anos a relação entre frequência e emoções, a partir de estudos que desenvolvi e aprofundei sobre a Escala Hawkins, criada pelo Dr. David Hawkins.

As pesquisas estão associadas e representam um dos pilares centrais do processo de cocriação da realidade, que está no meu Método e também representa o contato extrafísico com o Duplo Quântico, seu Eu do Futuro, partindo da vibração e da frequência emitida pelo campo ressonante do DNA. Isso mesmo!

	VISÃO DE DEUS	VISÃO DA VIDA	NÍVEL	FREQUÊNCIA	EMOÇÃO	PROCESSO
EXPANDIDO	Eu	É	Iluminação	700 - 1000	Inefável	Consciência Pura
EXPANDIDO	Todo -Ser	Perfeito	Paz	600	Êxtase	Iluminação
EXPANDIDO	Alguém	Completo	Alegria	540	Serenidade	Transfiguração
EXPANDIDO	Amar	Benigno	Amor	500	Reverência	Revelação
	Sábio	Significado	Razão	400	Entendimento	Abstração
	Misericordioso	Harmonioso	Aceitação	350	Perdão	Transcendência
	Inspiração	Esperançoso	Boa Vontade	310	Otimismo	Intenção
	Capaz	Neutralidade	Satisfatório	250	Confiança	Desprendimento
	Permissível	Viável	Coragem	200	Afirmação	Fortalecimento
	Indiferença	Exigência	Orgulho	175	Desprezo	Presunção
	Vingativo	Raiva	Antagônico	150	Ódio	Agressão
	Negação	Desapontamento	Desejo	125	Súplica	Escravização
CONTRAÍDO	Punitivo	Assustador	Medo	100	Ansiedade	Retirada
CONTRAÍDO	Desdenhoso	Trágico	Mágoa	75	Arrependimento	Desânimo
CONTRAÍDO	Condenação	Desesperança	Apatia	50	Abdicação	Desespero
CONTRAÍDO	Vingativo	Maldade	Culpa	30	Destruição	Acusação
CONTRAÍDO	Desprezo	vergonha	Miserabilidade	20	Humilhação	Eliminação

FLUXO DE ENERGIA

Você está imerso em um fluxo de energia. Esse fluxo é ascendente e descendente, sobe e desce o tempo todo. É movido por suas emoções. Quanto mais elevadas forem suas emoções, como quando você sente amor, alegria ou gratidão, que vibram acima de 500 Hertz na Escala Hawkins, mais alto será o fluxo da energia do seu campo eletromagnético, que chamo de fluxo criativo.

Mas por que fluxo criativo? Porque a vibração da sua emoção será fundamental no processo de cocriação do futuro alternativo eleito por você e acessado por seu Eu Holográfico®. Quando você vibra baixo, a partir de emoções como medo, apatia, raiva ou tristeza, esse fluxo desce e trava a sintonia com seu Novo Eu, pois não tem potência para acessar o Campo Quântico (Matriz Holográfica®) e cruzar as fronteiras do espaço-tempo.

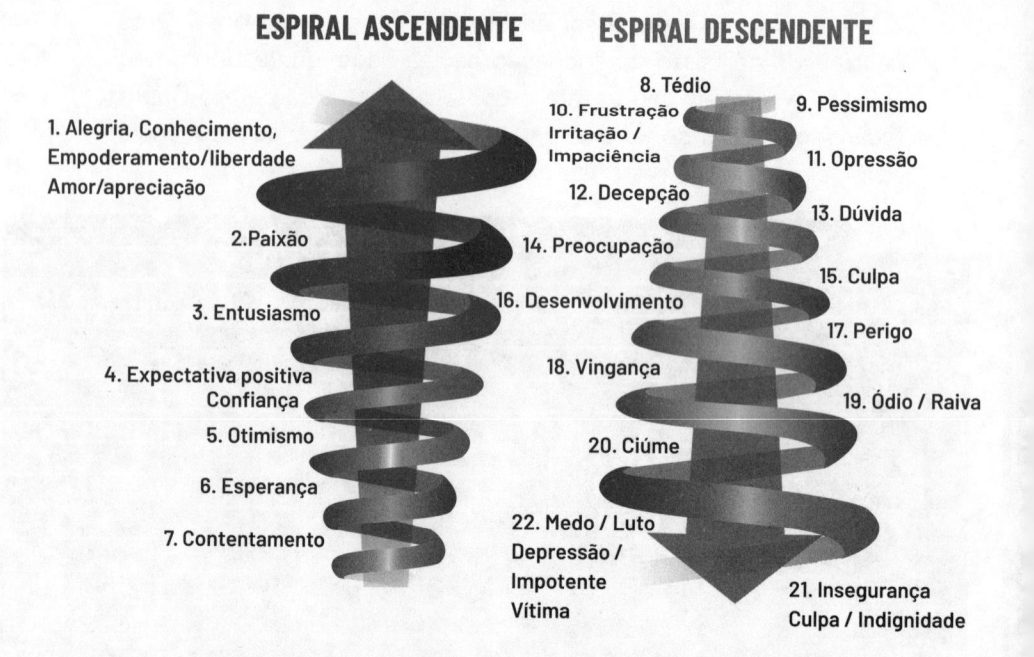

ESPIRAL ASCENDENTE

1. Alegria, Conhecimento, Empoderamento/liberdade Amor/apreciação

2. Paixão

3. Entusiasmo

4. Expectativa positiva Confiança

5. Otimismo

6. Esperança

7. Contentamento

ESPIRAL DESCENDENTE

8. Tédio

10. Frustração Irritação / Impaciência

9. Pessimismo

11. Opressão

12. Decepção

13. Dúvida

14. Preocupação

15. Culpa

16. Desenvolvimento

17. Perigo

18. Vingança

19. Ódio / Raiva

20. Ciúme

22. Medo / Luto Depressão / Impotente Vítima

21. Insegurança Culpa / Indignidade

Para a Neurociência e a Física Quântica, nossas emoções e sentimentos possuem uma Frequência Vibracional® medida em Hertz, assim como uma frequência de rádio. Por sermos energia, nossos pensamentos geram sentimentos e emanam uma frequência em Hertz. Ao identificarmos aquilo que sentimos, podemos concluir o que vamos receber de volta.

É um fluxo de ir e vir constante. O que você manda para o Universo, através do Campo Abstrato, em termos vibracionais, volta para você. Ou você está no poder ou na força. Compreende agora por que nada dá certo para você?

O QUE SÃO CAMPOS ATRATORES OU CAMPOS MORFOGENÉTICOS?

Gosto de explicar com a metáfora da lei da gravidade, fazendo analogia simples com a lei da atração. A lei da gravidade, que está sempre presente, não pode ser desligada, e tem um poder que é naturalmente exercido sobre tudo o que há em nosso planeta. Como por exemplo, se pular de um prédio, você vai morrer. Não é possível desligar a lei para que ela deixe de funcionar, ela opera continuamente, consciente disso ou não.

Portanto, precisamos nos alinhar à lei e aceitar sua existência em vez de tentar forçar algo contra uma regra do Universo ou da natureza. Para o Dr. David Hawkins, existem campos atratores – Matriz Holográfica® (campos energéticos) – que se alinham com leis universais e com nossas emoções predominantes.

	VISÃO DE DEUS	VISÃO DA VIDA	NÍVEL	FREQUÊNCIA	EMOÇÃO	PROCESSO
EXPANDIDO	Eu	É	Iluminação	700 - 1000	Inefável	Consciência Pura
EXPANDIDO	Todo -Ser	Perfeito	Paz	600	Êxtase	Iluminação
EXPANDIDO	Alguém	Completo	Alegria	540	Serenidade	Transfiguração
EXPANDIDO	Amar	Benigno	Amor	500	Reverência	Revelação
	Sábio	Significado	Razão	400	Entendimento	Abstração
	Misericordioso	Harmonioso	Aceitação	350	Perdão	Transcendência
	Inspiração	Esperançoso	Boa Vontade	310	Otimismo	Intenção
	Capaz	Neutralidade	Satisfatório	250	Confiança	Desprendimento
	Permissível	Viável	Coragem	200	Afirmação	Fortalecimento
	Indiferença	Exigência	Orgulho	175	Desprezo	Presunção
	Vingativo	Raiva	Antagônico	150	Ódio	Agressão
	Negação	Desapontamento	Desejo	125	Súplica	Escravização
CONTRAÍDO	Punitivo	Assustador	Medo	100	Ansiedade	Retirada
CONTRAÍDO	Desdenhoso	Trágico	Mágoa	75	Arrependimento	Desânimo
CONTRAÍDO	Condenação	Desesperança	Apatia	50	Abdicação	Desespero
CONTRAÍDO	Vingativo	Maldade	Culpa	30	Destruição	Acusação
CONTRAÍDO	Desprezo	Vergonha	Miserabilidade	20	Humilhação	Eliminação

Quando nos alinhamos ao poder (gratidão, benevolência, afeto, coragem, neutralidade, disposição, aceitação, paz, amor, compaixão), fluímos e expandimos com a vida em todos os nossos pilares. As coisas acontecem sem esforço! Fica fácil sintonizar pessoas, eventos e parcerias, simplesmente flui com leveza. Nos sentimos felizes, contribuímos com o mundo, ajudando as pessoas. Temos um senso de significado, de realização e missão.

Essa é a característica do poder. Sempre que alinhar com essas emoções de alta frequência, passará a viver de acordo com o poder oculto que rege sua vida, liberto de sofrimento, com riqueza e felicidade.

> As coisas acontecem sem esforço!

Assim, resistir à lei da gravidade é a polaridade contrária, cocriando desgaste, sofrimento, escassez, pobreza, tristeza, depressão, doenças etc. Vibrar e alimentar aquilo que vai contra as leis universais só fará sintonizar o que não deseja, seja para você ou para as pessoas que estão ao seu redor, direta ou indiretamente.

Os níveis de consciência relacionados à força são energias que andam no sentido inverso, absolutamente na contramão da vida. Estes são níveis de consciência negativos que Hawkins chamou de força: culpa, ciúme, ódio, depressão, tristeza, medo, ansiedade, ganância, raiva, arrogância, e que nos levam a agir como injustiçados, magoados, ou até individualistas e em desacordo com as leis cósmicas que regem a vida.

Assim, quando vibramos em baixa frequência, nossa vida fica pesada, congelada, dolorosa, angustiante, raivosa, deprimida, sofrida, cansativa, miserável, trágica, frustrada, amedrontada, triste e desesperadora.

COMO IDENTIFICAR PODER E FORÇA NO COTIDIANO?

O poder é o conceito de que todos os homens são iguais perante a divindade da criação, e os direitos humanos são intrínsecos à criação humana. A força é associada com o parcial, o poder com o todo. Enquanto o poder coopera com a vida, é livre de ódio, ressentimento, raiva e orgulho, a força coopera com a destruição (presa a emoções negativas como ódio, raiva, orgulho).

Sempre que alguma área da vida estiver bloqueada, é preciso investigar internamente qual a relação disso com ego, vaidade, arrogância, sentimentos como medo ou ansiedade que não queira enfrentar, um ressentimento do qual inconscientemente não quer se livrar, não permite deixar ir. O apego a qualquer uma dessas emoções caracteriza também o apego à força.

A Força ainda pode ser identificada pela individualidade ao extremo, quando me preocupo apenas comigo, me alinho e vibro com o sentimento de "competição", acreditando que para eu ganhar, alguém precisa perder. Em vez de se desafiar para crescer, despertar, buscar evolução, crescimento e contribuição, a força busca estar o tempo todo na zona de conforto e manter as coisas como estão.

Já o Poder é amor, harmonia, luz, empoderamento, confiança, otimismo, perdão, paz, entrega, entusiasmo, coragem, inteligência, aprendizado, inspiração, empatia, contemplação, tolerância, compaixão, fé, certeza, afeto, gratidão. Todas essas são emoções associadas ao poder.

A força tenta sempre conseguir algo exterior, justamente de uma maneira forçada. O poder está relacionado à harmonia social, vem de dentro, no interior da alma.

> A força tenta sempre conseguir algo exterior, justamente de uma maneira forçada.

Existem três níveis de consciência: consciência do medo, consciência moral-ética e consciência espiritual. Por esses três níveis passam os sentimentos de vergonha, culpa, apatia, tristeza, medo, desejo, raiva, orgulho, coragem, confiança, neutralidade, vontade, aceitação, compaixão, prazer, razão, amor, alegria, paz e iluminação espiritual.

Para materializar nossos sonhos, precisamos vibrar na mesma frequência em que eles se encontram. Ou seja, no mesmo fluxo ascendente criativo de energia. Já sabemos que o colapso da função de onda transforma a energia em matéria. E como fazer isso?

O ponto é que as frequências (sentimentos) que você vai emanando durante o dia formam a Frequência Mediana que traduz o que você é, o que tem e o que cria. Quando você se mantém em frequência alta em um fluxo criativo ascendente durante o dia todo, a média da sua frequência será alta. Quando tem oscilações, emanando sentimentos de baixa frequência várias vezes durante o dia, sua frequência média é diminuída, seu fluxo criativo começa a descer e atrair coisas medianas. Quando você vibra na maior parte do tempo em uma frequência baixa, irá diminuir sua Frequência Mediana e, a partir daí, sentir e criar uma realidade escassa.

Por isso, vigie a sua frequência (sentimentos) e o fluxo criativo do seu campo relacional durante o dia inteiro. Aumente sua Frequência Mediana a cada dia, até que atinja uma frequência elevada (alta) e o fluxo de cocriação dos seus mais lindos sonhos!

Mapa da Consciência

	VISÃO DE DEUS	VISÃO DA VIDA	NÍVEL	FREQUÊNCIA	EMOÇÃO	PROCESSO
PODER	Eu	É	Iluminação	700 - 1000	Inefável	Consciência Pura
	Todo -Ser	Perfeito	Paz	600	Êxtase	Iluminação
	Alguém	Completo	Alegria	540	Serenidade	Transfiguração
	Amar	Benigno	Amor	500	Reverência	Revelação
	Sábio	Significado	Razão	400	Entendimento	Abstração
	Misericordioso	Harmonioso	Aceitação	350	Perdão	Transcendência
	Inspiração	Esperançoso	Boa Vontade	310	Otimismo	Intensão
	Capaz	Neutralidade	Satisfatório	250	Confiança	Desprendimento
	Permissível	Viável	Coragem	200	Afirmação	Fortalecimento
FORÇA	Indiferença	Exigência	Orgulho	175	Desprezo	Presunção
	Vingativo	Raiva	Antagônico	150	Ódio	Agressão
	Negação	Desapontamento	Desejo	125	Súplica	Escravização
	Punitivo	Assustador	Medo	100	Ansiedade	Retirada
	Desdenhoso	Trágico	Mágoa	75	Arrependimento	Desânimo
	Condenação	Desesperança	Apatia	50	Abdicação	Desespero
	Vingativo	Maldade	Culpa	30	Destruição	Acusação
	Desprezo	Vergonha	Miserabilidade	20	Humilhação	Eliminação

FREQUÊNCIA ALINHADA

Quanto mais elevada for a vibração emitida por você e seu Campo Quântico, mais chances terá de promover o Colapso de Onda e o entrelaçamento Quântico do seu "Eu" atual com seu "Eu" do Futuro, porque sua energia e frequência serão compatíveis com a vibração da Matriz Holográfica®, entrando em fase e sinergia para a composição de qualquer elemento físico ou material, cocriando tudo o que deseja. Mas é preciso que seu coração vibre em uma frequência elevada, a partir de 500 Hertz, para que isso aconteça.

Essa frequência é compatível e tem sinergia vibracional com o padrão e a frequência do Universo. Nessa frequência alta (Amor ou acima), de acordo com mais um princípio da cocriação da realidade, segundo a Física Quântica, você entra em fase e em conexão profunda com a mesma vibração do Universo, provocando, naturalmente o colapso de onda – que é a junção da sua energia com a frequência do Universo – e o fenômeno do emaranhamento Quântico, também já apontado por mim.

É você e o Universo ou, como prefiro definir, você e Deus, unificados e em plena coerência Quântica e vibracional. O coração é outro exemplo notório: ele produz o maior campo ressonante do seu corpo, por isso é preciso vibrar e sentir o seu sonho como se fosse realidade. Estudos do Instituto HeartMath comprovaram que o coração emite um campo eletromagnético cinco mil vezes mais potente e sessenta vezes mais extenso do que o campo do cérebro. Por isso, a emoção que você sente ganha destaque no processo de cocriação vibracional em qualquer dimensão da realidade, pois é emitida através do Campo Quântico e eletromagnético do seu coração.

CONSCIÊNCIA DE ORIGEM

A maior consciência de luz que podemos adquirir é aquela que nos permite saber a nossa origem. Como falei anteriormente, somos feitos de átomos e átomos são feitos de energia, que são a manifestação divina de frequência e estados de vibração condensados em realidades múltiplas ou em matéria.

> A maior consciência de luz que podemos adquirir é aquela que nos permite saber a nossa origem.

A estrutura do átomo é formada pelo núcleo, que é constituído por duas partículas (prótons e nêutrons), e pela eletrosfera, que detém os elétrons. Perceba que existe uma estrutura energética e informacional que sustenta a composição dos menores elementos do Universo e também de outros mundos.

INFLUÊNCIAS VIBRACIONAIS

A ideia de movimento da vida e flexibilidade das partículas comprova que tudo pode ser alterado, reprogramado e transformado em qualquer realidade. Desde a sua mente, de acordo com a neurociência e as pesquisas sobre neuroplasticidade do cérebro, até as moléculas de água, conforme comprovou o pesquisador e fotógrafo japonês Masaru Emoto ao produzir experimentos sobre o comportamento molecular da água, a partir da emissão de pensamentos e emoções por parte de pessoas testadas no experimento.

DNA DECODIFICADO

No caso do DNA, a premissa também vale. É possível decodificar sua frequência, alterar a vibração e modificar sua estrutura vibracional, que afetará diretamente a Matriz Holográfica de todos os demais hologramas integrados aos seus múltiplos "Eus" (todas as suas potenciais versões do futuro).

Pesquisas recentes de cientistas mundialmente conceituados, como a realizada pela equipe do biofísico russo Pjotr Garjajev, apontam para esse fato. Segundo os pesquisadores, o DNA pode ser influenciado e reprogramado quanticamente, o que pode ser feito pela emissão de ondas eletromagnéticas contendo frequências moduladas por raios *lasers*, compatíveis com as palavras, os sons, frequência das emoções e os níveis de luz para dentro das células.

As experiências em laboratório mostraram ainda que o DNA responde a frequências específicas e assume diferentes padrões a todo momento. Assim, as mudanças dependeriam, especificamente, da frequência enviada ao interior da molécula, seja de modo artificial ou intencional.

> O DNA, portanto, muda conforme a projeção de suas emoções, seus pensamentos e suas ações canalizadas e direcionadas para dentro de si.

O DNA, portanto, muda conforme a projeção de suas emoções, seus pensamentos e suas ações canalizadas e direcionadas para dentro de si.

Por isso, eu pergunto: o que você tem transferido para suas células, moléculas e para o seu DNA?

INTERFERÊNCIAS ESTIMULADAS

Os testes dos cientistas russos mostraram que a emissão de frequências internalizadas pode recodificar o DNA e a informação vibracional registrada no núcleo das células. Além disso, os experimentos da equipe de Garjajev confirmaram que a molécula do DNA tem um comportamento vibracional. Ou seja, sofre alterações consistentes a partir do padrão energético de emoções e pensamentos, emitidos por você, devido ao que acontece do lado de fora da membrana celular.

Como resultado dos feixes de luz lançados em tubo durante o teste, o DNA sofreu alterações perceptíveis e passou a irradiar um campo de luz. Os cientistas observaram, então, dois pontos muito específicos com o experimento:

1. O DNA mudou a forma e a composição;
2. O DNA passou a refratar luz como um cristal.

Para resumir, com a aplicação dos *lasers* modulados, foi possível mudar a forma e a composição informacional do DNA. Além disso, comprovou-se que o DNA tem um campo de luz, irradia energia, frequência e vibração, como um autêntico cristal – o que repercute infinitamente em todos os hemisférios da realidade, nos mundos alternativos e paralelos, diretamente da sua vida, através das suas emoções.

E a partir do experimento acredita-se que a ativação da vibração máxima do DNA depende apenas do movimento internalizado da consciência, da energia, das emoções, dos pensamentos e do padrão de comportamento de cada pessoa, pois tudo reflete para dentro e determina a vibração da molécula (DNA) que, em seguida, espelha uma frequência específica às demais células e ao Campo Quântico (seu Campo Eletromagnético) como um todo, aos órgãos, aos corpos físico, energético, emocional, espiritual e mental em todo o sistema da própria existência holográfica.

ESPELHO DA REALIDADE

Bruce Lipton, em seu livro A biologia da Crença, também valida essa informação. Segundo ele, as células são influenciadas pela mente (Pensamentos). E elas respondem, literalmente, às emoções, aos pensamentos de cada pessoa e também ao ambiente ao qual está submetida. Gregg Braden, em seus experimentos científicos, também teve comprovação sobre a interferência gerada no DNA especificamente pelo doador.

·O mais incrível é que a influência e a interação entre o doador e o seu DNA são instantâneas e espontâneas, independentemente da distância, o que sugere a existência da Matriz Divina (Matriz Holográfica®) que conecta vibracionalmente tudo e todos sem qualquer distinção no espaço-tempo.

Há uma espécie de comunicação emocional, ou não local, entre doador (paciente) e DNA. Isso é espelhado para todo o Universo, realidades paralelas e mundos alternativos, pois tudo está integrado por uma mesma energia original.

As emoções, comportamentos e os pensamentos (Emosentização®) alteram a molécula do DNA, formada 80% por água. Com isso, pode-se atingir qualquer frequência superior, acima de 500 Hertz, dentro de si e irradiá-la ao Universo, a partir da influência provocada no DNA com as próprias emoções, experiências, intenções, pensamentos e atitudes, toda a energia acumulada e abundante da própria centelha depositada no interior da molécula.

Outro aspecto importante é que as suas crenças emocionais também são energia e geram padrões informacionais que são dirigidos ao interior de suas células e moléculas, como no caso do DNA. Por esse processo, as suas células, moléculas e o seu DNA Quântico recebem pacotinhos de Energia (Quantum de Energia) com a informação específica adotada pela sua consciência, por meio do padrão dos seus pensamentos e pela qualidade das suas emoções. Por isso, sua ideia de saúde ou mentalidade de doença vai

> Cada célula responde ao conjunto de padrões da sua consciência.

influenciar e reproduzir padrões Quânticos e vibracionais idênticos dentro do seu ser e fora de si, com o mesmo teor de informação que está vibrando.

Cada célula responde ao conjunto de padrões da sua consciência. Assim, é você quem modifica a sua vida, desde o interior de suas células. Isso quer dizer que você tem o poder de alterar a sua realidade, criando novos hologramas (sonhos e projeções) da existência humana, compatíveis com o futuro pretendido, na projeção da mente ou alma (consciência).

DOMÍNIO ABSOLUTO

Tudo nasce da projeção da mente e da irradiação emocional transferida, em primeira instância, ao núcleo das células e do DNA. Pois nada no Universo, de fato, é material, mas consiste em energia e em padrões vibracionais, conforme foi comprovado pela Física Quântica. Assim também opera a dinâmica do seu corpo, as suas células, moléculas e DNA.

TÉCNICA META EMOTIONS® PARA REGENERAR O DNA E COCRIAR SONHOS

Com a ação das emoções, do campo relacional e da harmonia nuclear do DNA, você conseguirá, por meio dessa poderosa técnica, restaurar a frequência de origem do seu DNA E CO-CRIAR SEUS SONHOS FUTUROS em conexão instantânea com seu Eu Ideal®.

Você pode acessar a técnica completa a partir do QR code:

CAPÍTULO 2

A ILUSÃO QUE
PRECISA MUDAR!

Mesmo com tudo que falei até aqui, muitas pessoas desconhecem os princípios da cocriação e manifestação da realidade futura, duvidando da sua capacidade para mudar o destino, acessar o Eu Holográfico® e elevar a própria Frequência Vibracional®.

A maioria desconhece os poderes mentais e não sabe que pode utilizar a mente para cocriar a própria realidade. Vivem uma versão idealizada da vida e tudo o que vibra dentro dela, porém não conseguem materializar nada e vivem frustradas em todas as áreas, aprisionados na *Matrix* da ilusão do mundo material, como eu também estive durante muitos anos.

> A maioria desconhece os poderes mentais e não sabe que pode utilizar a mente para cocriar a própria realidade.

Por isso, desejo que este livro mude sua visão de mundo e de como tudo funciona no externo. Quero que entenda que o mundo mudou e você também precisa mudar. Sem esse entendimento, você continuará a achar que tudo que acontece na sua vida é obra do acaso. Porém, com a compreensão exata sobre esse poder que já existe dentro de você e vibra no seu DNA Quântico, basta despertá-lo para começar a obter os resultados que deseja de maneira duradoura. Sua mente precisa estar aberta para desaprender tudo que armazenou ao longo dos anos e descobrir o que existe além dos sentidos.

INCOMPREENSÃO ABSOLUTA

Cada vez mais aumenta a quantidade de treinamentos, treinadores e livros sobre este assunto, assim como também cresce o número de pessoas em busca de seu despertar, procurando técnicas, estudos e métodos que, definitivamente, funcionem.

Eu sempre estive em busca de novas ferramentas sobre consciência, Física Quântica e poder da mente e percebo que meus alunos e treinados – quando cito isso, me refiro a mais de 100 mil alunos –, apesar da dedicação e prática das minhas técnicas, ainda não compreendem 100% por que não acessam a prosperidade, por mais que eu me esforce a explicar.

Isso ocorre por que esse entendimento não está na mente racional, mas em algo que precisa ser internalizado pela sensação, pela emoção em ação, ou seja, pela experiência, o comando da Emosentização®. Para compreender sua mente, é necessário SENTIR. A verdade é que você não precisa entender nada do que escrevo aqui, apenas experienciar. E isso só vai acontecer quando o conhecimento passar pelo seu comportamento, ou seja, pelo seu corpo, agindo!

Isso significa colocar em ação, ou até poderia usar a expressão "finja até que se torne real"! Colocar em ação é agir como se tudo o que deseja já estivesse acontecendo. Gosto da frase: "Viva como se fosse realidade", isto é, acessar sua versão do futuro, seu Eu Holográfico® e viver como se o seu futuro desejado ocorresse agora.

Por isso, reflita sobre o que você deseja: seria pesar 56 quilos? Encontrar sua alma gêmea? Ser reconhecido profissionalmente? Então, se você pesasse hoje 56 quilos, como se sentiria? Como agiria? É isso! Você precisa se sentir assim agora!

Basicamente, por essa perspectiva, o ciclo para sintonizar o Eu do Futuro e conquistar o que deseja passa por três fases até a ação:

> **Ser (sentir) + Fazer (ação) + Ter (conquista) = Cocriação do desejo por meio da ação do Eu Ideal do Futuro, seu Eu Holográfico®.**

Literalmente, você cocria o que é, e não o que quer! Você sempre vai receber mais daquilo que é (seja Positivo ou Negativo). Ou seja, vai sempre receber mais daquilo que vibra e emana para o Universo, pois recebe a frequência compatível ao que seu campo envia à Matriz Holográfica®. Se permanecer em sentimentos como dor, culpa, vitimismo, angústia, sofrimento, tristeza, depressão, desespero ou qualquer emoção negativa, vai receber sempre mais do mesmo para sua vida.

É como um bumerangue que você arremessa e ele volta em sua direção. O Universo responde por frequência e através do seu campo eletromagnético. Essas emoções, citadas acima, possuem frequência muito baixa, inferior a 200 ou 100 Hertz, segundo a Escala da

Consciência. Portanto, não têm força nem potência para alcançar a vibração condizente aos sonhos, na faixa da cocriação e do Eu Holográfico®, que está sintonizada em frequências superiores a 500 Hertz.

Por isso, você só vai conseguir sair desse ciclo vicioso e entrar em um ciclo de virtudes, do ser, fazer e ter, quando abandonar o papel de vítima. Mais do que isso, quando entender que você é 100% responsável por seu destino, que é você quem cria ou cocria a realidade, e passar a vibrar em emoções coerentes com a vibração do Universo, que está apoiada no amor, na gratidão, na alegria, na paz, na harmonia ou na iluminação.

> Ser antes de Fazer ou Ter.

Contudo, para conseguir isso, vai precisar Ser antes de Fazer ou Ter.

É realmente importante reforçar esse ponto para o seu entendimento da manifestação da realidade futura no momento presente. A única maneira de alcançar essa realização é reprogramando as informações que há anos você acessa, visita, fala, comenta, repete e com as quais se angustia.

Algo precisa mudar dentro de você para criar seu Novo Eu, sua nova versão. Se pensar todos os dias em dívidas, vingança, escassez, culpa, vai continuar criando as mesmas realidades. Seus pensamentos, sentimentos e ações precisam ser superiores e estar em congruência e harmonia idêntica, direcionados para o que você deseja todos os dias. Sem isso, sua mesma realidade será reafirmada o tempo todo.

Você precisa manter o pensamento futuro em algo que deseja muito, diferente do que é neste momento ou do que foi no passado. Mas fique tranquilo, eu estou aqui para guiar você rumo a um caminho próspero, tranquilo e leve. Encontrando, assim, o real sentido da sua vida, através do Campo que nos liga a tudo e a todos.

CAMPOS MÓRFICOS

Rupert Sheldrake, biólogo britânico, sugere que, como estamos todos conectados pelo campo mórfico, ou seja, pela Matriz Holográfica®, compartilhamos também informações, memórias e o conhecimento sobre o mundo que habitamos, pois o ambiente sofre vibração de todas as mentes interligadas ao todo.

Os campos mórficos podem ajudar a elucidar o que o influente psiquiatra e psicanalista suíço Carl Gustav Jung chamou de "inconsciente coletivo", a camada mais profunda da psique onde estariam traços visuais e formas herdadas de seres humanos e outros organismos ancestrais.

Pensando nisso, em nosso ambiente somos influenciados pela vibração das pessoas que convivem conosco e pela mente coletiva, tudo vibrando em nosso cérebro. Segundo a neurociência, nosso cérebro está programado para reproduzir tudo que está em nosso ambiente, que, em outras palavras, quer dizer tudo que aprendemos ao longo da vida.

REPETIÇÃO DE PADRÃO AUTOMÁTICO

Repetimos padrões o tempo todo, pois existe uma configuração no HD do cérebro, que reproduz tudo no piloto automático. A maneira como nos comportamos e agimos diante dos problemas, a relação com nossos pais e as demais pessoas, os lugares que frequentamos, as experiências pessoais, as viagens que já fizemos, as experiências que vivemos ao longo dos anos, nossos comportamentos e reclamações. Tudo está gravado na mente, formatando e programando o cérebro.

Pensamos e reagimos da mesma maneira que o ambiente, que possui em suas células nervosas o arquivo que será disparado com a programação exata do modo como vamos nos comportar e agir. É o nosso piloto automático em ação, assumindo o controle da vida. O pensamento determina a realidade, porque são os mesmos reflexos do ambiente em que vivemos. Assim, criamos a mesma realidade todos os dias, os mesmos problemas, caos, desordem etc. O que estamos vivendo e pensando hoje é igual ao que houve ontem, semana passada, mês passado e assim por diante.

> O pensamento determina a realidade, porque são os mesmos reflexos do ambiente em que vivemos.

O AMBIENTE CONTROLA A MENTE

O ambiente controla a mente, pois, todos os dias fazemos as mesmas coisas: escovamos os dentes, tomamos banho, bebemos café, nos sentamos do lado preferido da mesa, vestimos a nossa roupa preferida etc.

Isso é o cérebro em ação, pois estamos reproduzindo o mesmo nível mental. O nosso cérebro apenas reproduz o que existe de informação dentro dele, todos os registros completos de tudo que você vive e viveu estão ali nas sinapses neurais. Tudo o que o cérebro processa por meio de visão, audição, olfato, paladar e tato faz você sentir, pensar e agir de acordo com o que é familiar.

Quando acessamos nossas memórias do passado, estamos criando um novo futuro. Quanto mais disparamos circuitos neurais como reação ao mesmo ambiente, estamos reforçando, neuroquimicamente, essa condição de vida. Se não conseguimos parar de pensar nos nossos problemas, nossa mente e nossa vida atual vão se unificar em uma só, pois seu pensamento se torna igual à sua condição de vida e você nunca vai sair do lugar.

> Quanto mais disparamos circuitos neurais como reação ao mesmo ambiente, estamos reforçando, neuroquimicamente, essa condição de vida.

CRIAR UM NOVO VOCÊ

Para mudar, você precisa criar uma nova personalidade, idealizar uma versão sua do futuro, seu Eu Holográfico® ideal precisa tornar-se outra pessoa, mudando o pensamento, o sentimento e a ação. Reprogramando tudo, a partir de sua mente e suas emoções no nível de DNA.

É possível revolucionar o pensamento, o campo de energia morfogenético, a epigenética do nosso DNA, porque nesse campo estão compreendidas todas as energias que afetam diretamente átomos, células e tecidos do nosso corpo, o que explica, inclusive, as doenças.

Sim, as doenças nada mais são que células e átomos vibrando em energia negativa, contrária, extremamente baixa, conectada ao medo ou a conflitos internos de sentimentos e pensamentos. Pois a Frequência Vibracional® viaja para o núcleo da célula e entra no cromossomo. Essa intervenção modifica a estrutura Física no DNA – os pontos que precisam ser acionados para transformar nossos genes em futuras células doentes.

Cada um de nós tem um padrão vibracional, um modo de pensar sobre cada crença limitante. Ao liberarmos as crenças e escolhermos padrões elevados de consciência, criamos frequências que afetam o nosso corpo, nosso DNA e, principalmente, a vida presente e futura que escolhemos. No meu livro *DNA Milionário®*, temos um capítulo inteiro sobre o DNA das emoções, e lá falamos que o DNA é influenciado e sofre transformações com ações externas a ele, ou seja, com palavras, vibrações, sentimentos e ações ao nosso redor. Por isso a Técnica Hertz® é tão poderosa. Agora, o que exatamente, você precisa fazer?

VOCÊ SÓ PRECISA FAZER O QUE PRECISA SER FEITO!

Tudo que você precisa fazer é fácil e simples, mas suas crenças o prendem à vitimização, ao caos e à desordem, porém, aqui e agora, estou ensinando você a criar um Novo Eu.

> Você retoma o controle da sua vida criando hábitos que mantenham sua essência, de maneira saudável, rica, próspera e abundante, em todos os pilares.

Não basta fazer esforço para mudar o seu eu atual e criar um Novo Eu, pois isso pode e deve ser feito por meio de linguagem própria do DNA, com uma Assinatura Vibracional® única e perfeita, capaz de influenciar o seu DNA por palavras, técnicas de afirmação, visualizações positivas e sentimentos. Ao sentir isso, ele mudará de dentro para fora, aceitando uma nova ordem e uma nova regra, a partir da ideia que está sendo transmitida.

ASSUMINDO O CONTROLE

Você retoma o controle da sua vida criando hábitos que mantenham sua essência, de maneira saudável, rica, próspera e abundante, em todos os pilares. Dessa maneira, não precisará mais carregar qualquer sentimento de culpa ou fracasso. Sobretudo porque saberá como identificar a origem dos seus problemas e o que está travando todos os pilares de sua vida.

Eu entendo e sinto a sua dor, pois todos os dias recebo cartas, depoimentos, e-mails, mensagens com pedidos de socorro de pessoas que, assim como você, em algum momento, passam por problemas de saúde, desilusões amorosas, fracassos na vida profissional e pessoal, conflitos familiares, relações doentias e que vivem frustradas, sem qualquer perspectiva ou esperança.

Muitas vezes, tudo o que essas pessoas fazem pode parecer em vão, sem sentido, perspectiva ou possibilidade real de mudança, mas o problema é que nem todos querem pagar o preço e assumir a responsabilidade, e ficam à espera de um milagre. Esse, certamente, não é o seu caso, porque você chegou até aqui e está buscando a verdadeira mudança no encontro com o seu Novo Eu.

MERA ILUSÃO!

O ponto em comum entre essas pessoas é ainda viver na ilusão da matéria. Contudo, elas não têm 100% de responsabilidade nesses casos, pois apenas aprenderam a reproduzir comportamentos e pensamentos assimilados ao longo de toda a vida.

Você também cresceu com a ideia de que o mundo, a vida, o Universo, o corpo humano, o cérebro, a casa em que vive ou a cadeira em que se senta, se trata de matéria, algo sólido, denso, rígido e fixo.

Isso ainda está gravado no inconsciente coletivo, impresso no Campo Quântico individual, registrado na estrutura mental, desde o desenvolvimento do feto no útero da mãe, associado à rede de energia universal em todas as dimensões e realidades Quânticas existentes e ainda desconhecidas.

LABIRINTO MENTAL

O labirinto mental é o inconsciente coletivo construído com as suas dores, a vitimização, a culpa, a tristeza, a indignação, a revolta, a raiva, o ódio, a falta de amor-próprio em sua mente e a energia negativa do seu campo vibracional. Isso o mantém preso a uma atmosfera de insatisfação, de vibrações baixas e sem poder encontrar a saída que você busca para cocriar a vida dos sonhos em sintonia com seu Novo Eu.

Tudo ancorado em vibrações lentas, frequências baixas e sem qualquer potência para manifestar ou cocriar sonhos em um Universo de infinitas possibilidades.

SEM FUNDAMENTOS

Pode ser que você ainda esteja preso por verdades absolutas, sem saber aplicar os princípios da cocriação da realidade ou acessar melhores dimensões. E é este o real objetivo deste livro, ajudar você a se libertar da ilusão materialista e despertar a percepção de que o mundo não é sólido, mas regido por energia, frequência e vibração.

> E é este o real objetivo deste livro, ajudar você a se libertar da ilusão materialista e despertar a percepção de que o mundo não é sólido, mas regido por energia.

E que há um Campo Quântico de infinitas possibilidades que você pode acessar com sua consciência superior. Nele, todas as coisas são possíveis, tudo pode existir e coexistir intermitente e tangencialmente em Universos paralelos, e não há previsibilidade exata, ao contrário do que ensina a Física clássica.

Todos os seus Eus Quânticos podem convergir para materializar o melhor futuro de todos no seu destino presente. Pois a energia é o tecido de tudo que é material no Universo e toma forma pela consciência – a mente humana. Einstein, com a fórmula $E=mc^2$, na qual E = energia, m = massa e c^2 = velocidade da luz elevada ao quadrado, provou que energia e matéria formam um todo e coexistem em movimento de aceleração.

LIBERDADE INCONDICIONAL

É possível se libertar do labirinto mental criado exclusivamente por você quando compreender que esta realidade não é única. Tudo pode ser transformado e adaptado aos seus desejos. E isso é possível quando você eleva a sua frequência e entra em fase com a vibração de amor do Universo, acima de 500 Hertz, segundo a Escala das Emoções Humanas, criada pelo Dr. David Hawkins.

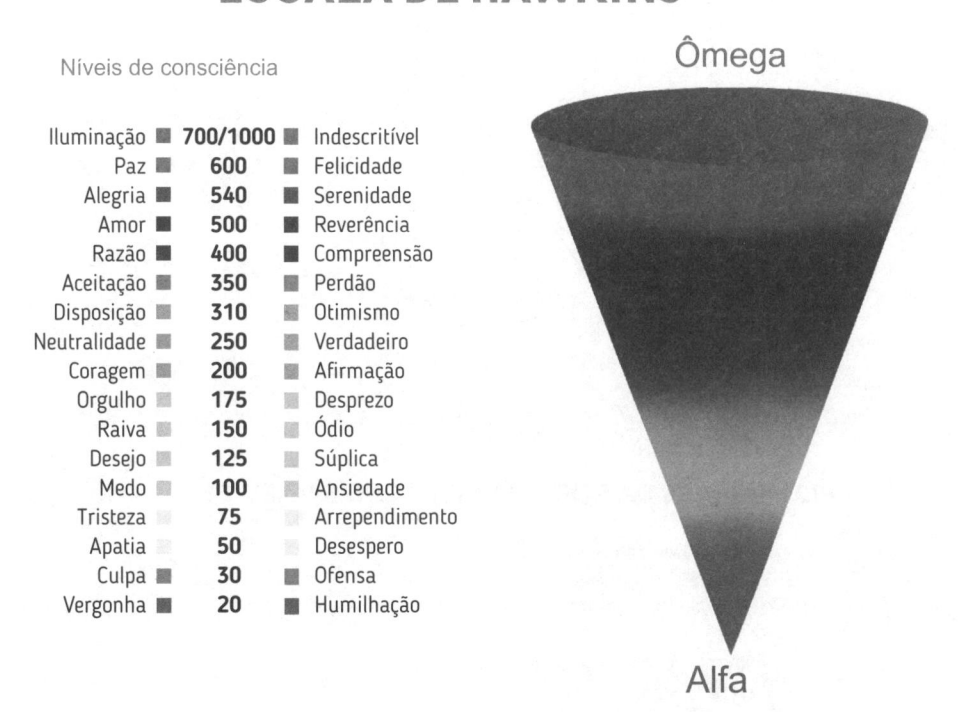

ESCALA DE HAWKINS

Níveis de consciência

Ômega

Iluminação	700/1000	Indescritível
Paz	600	Felicidade
Alegria	540	Serenidade
Amor	500	Reverência
Razão	400	Compreensão
Aceitação	350	Perdão
Disposição	310	Otimismo
Neutralidade	250	Verdadeiro
Coragem	200	Afirmação
Orgulho	175	Desprezo
Raiva	150	Ódio
Desejo	125	Súplica
Medo	100	Ansiedade
Tristeza	75	Arrependimento
Apatia	50	Desespero
Culpa	30	Ofensa
Vergonha	20	Humilhação

Alfa

A roda a seguir explica a frequência e a percepção de cada uma das emoções humanas. Então, eu criei um percurso no modelo com dez degraus de expansão da consciência, para você avançar vibracionalmente em direção ao Eu do Futuro através dos estudos de Hawkins, que criou tabela de consciencia das emoções humanas. O sistema também foi inspirado na Pirâmide Maslow. Com base em todas essas linhas de conhecimento, nas pesquisas científicas comprovadas e na espiritualidade sagrada, vamos aos dez degraus de consciência da Roda da Vibração®, para que você possa alcançar o nível da consciência final nessa jornada de iluminação Quântica no Universo e de acesso ao Novo Eu Holográfico®.

RODA DA VIBRAÇÃO

Os 10 DEGRAUS DA RODA DA VIBRAÇÃO SÃO ESTES:

1º DEGRAU – CORAGEM: Vibra em 200 Hertz e é o primeiro estágio de expansão da consciência na RODA DA VIBRAÇÃO®.

2º DEGRAU – NEUTRALIDADE: Vibra em 250 Hertz e ajuda a eliminar o sistema de crenças.

3º DEGRAU – BOA VONTADE E DISPOSIÇÃO: Vibra em 310 Hertz e ajuda a superar a inércia, iniciando a expansão da consciência.

4º DEGRAU – ACEITAÇÃO: Vibra em 350 Hertz e quebra as barreiras emocionais e negativas de crenças. Você ganha mais energia e potência vibracional para cocriar desejos e sonhos.

5º DEGRAU – RAZÃO/CONTEMPLAÇÃO: Vibra em 400 Hertz, traz o desapego, a consciência da razão e de libertação da *Matrix*. Mestres e sábios vibram nessa frequência.

6º DEGRAU – AMOR: Vibra em 500 Hertz, na mesma frequência do Universo. Traz expansão, lucidez e poder para cocriar sonhos.

7º DEGRAU – ALEGRIA: Vibra em 540 Hertz, representa desapego total da matéria, do ego e estado avançado de consciência.

8º DEGRAU – PAZ: Vibra em 600 Hertz e representa o degrau mais importante da transcendência energética até a Matriz Holográfica®.

9º DEGRAU – ILUMINAÇÃO: Vibra em 700 Hertz como um corpo de pura luz, frequência e vibração. Representa a iluminação plena no Universo e na existência.

10º DEGRAU – CONSCIÊNCIA FINAL: Vibra acima de 700 Hertz até 1.000 Hertz. Integração total e superconsciente com o Universo e a existência.

O SENTIR EMOCIONAL

Essa ainda é uma explicação racional e lógica, algo que não provoca mudanças, apenas compreensão. É preciso entender que a mudança só acontece quando o conhecimento passa pela sua experiência.

Você precisa sair do labirinto da sua mente, do ciclo de decepções, de autoindagações, questionamentos e conflitos internos ou dúvidas que pairam na sua mente. Sobretudo aqueles pensamentos que ficam congestionados no depósito do seu inconsciente, como se fossem "cabecinhas" espalhadas em torno do seu Campo Quântico, representadas por preocupações excessivas, ansiedade, crenças limitantes de toda espécie, medos, bloqueios e condicionamentos mentais e emocionais.

Para sair desse labirinto emocional e mental, criado por você mesmo, é preciso SER! Ser antes de ter, fazer ou materializar qualquer coisa, é isso que você está aprendendo aqui. Isso representa o sentir, que é um preceito muito mais importante em todo o processo para cocriar a realidade e acessar o Novo Eu Quântico, seu Eu Holográfico®.

O Universo responde à Frequência Vibracional® de Origem, ou seja, pela vibração que você emana, essa é a linguagem de comunicação entre vocês dois, entre você e Deus, você e a Matriz Holográfica®.

PRINCÍPIOS QUÂNTICOS - BASE DO DNA DA COCRIAÇÃO

1. QUEM É A CONSCIÊNCIA HOLOGRÁFICA?

A consciência Holográfica é o Observador Quântico, ou seja, ela é você e você é quem determina o foco e a atenção para transformar energia em matéria, direto na Matriz Holográfica®.

A Realidade Quântica só existe a partir da interação com a consciência. Sem a observação, tudo permanece em estado de superposição, sem forma Física, vibração organizada e densidade material. Tudo fica solto como o vento livre nos céus.

2. QUAL A ORIGEM DA CONSCIÊNCIA?

Agora você sabe que a Consciência Holográfica é você, sua personalidade, a essência e a centelha divina que dá vida à sua natureza humana e cósmica. Isso do ponto de vista da Física Quântica, porque, na análise da ciência convencional, a consciência seria apenas fruto e resultado da manifestação do cérebro e de sua rede de transmissão neural. Ou seja, a consciência, dentro do paradigma Newtoniano, trata-se de um estado decorrente da atividade cerebral.

Na Visão Quântica, a consciência é mais profunda e subjetiva. Não está vinculada à matéria, nem representa um subproduto do cérebro. Ela vai além, está implicada à Realidade Fundamental, à Matriz Holográfica® e à Mente de Deus. A consciência é a extensão quântica e vibracional da fonte criadora, do próprio Vácuo Quântico.

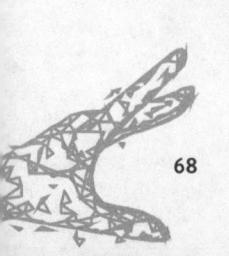

3. MANIFESTAÇÕES DA CONSCIÊNCIA

A consciência sobrepõe o cérebro. Ela é um estado de onda quântica e informacional. Ela é livre, está associada a toda a natureza vibracional do universo e de mundos paralelos. Também tem o poder para influenciar, interferir e modificar toda a malha quântica e a estrutura energética do universo. O experimento da Dupla Fenda comprova este poder real do observador da realidade, que é a consciência individual de todo ser humano.

Por isso, você, eu, todo mundo é um agente causal e não passivo no universo. Todos nós temos poder e capacidade para modificar a realidade e alterar o próprio destino. Por isso, somos cocriadores no universo e provocamos efeitos causais.

4. CAUSAÇÃO DESCENDENTE

Este princípio ou conceito trazido pela Física Quântica planifica e organiza a realidade e a estrutura da consciência de um modo multiexistencial e sistêmico. Já na visão Newtoniana e materialista, esta é a sequência que define a vida e a realidade:

> **ÁTOMOS – MOLÉCULAS – CÉLULAS – TECIDOS – ÓRGÃOS – CÉREBRO – NEUROQUÍMICA CEREBRAL – CONSCIÊNCIA OU ESTADO CONSCIENTE DA REALIDADE.**

Já na visão da Física Quântica, conforme vários experimentos, dados quânticos e equações observadas, a consciência precede a existência Física e a estrutura da realidade material. Aqui entra o princípio da causação descendente. A ideia central é de que a consciência cria a realidade e não o cérebro cria a consciência. A consciência, inclusive, cria o cérebro, os átomos, as células, as moléculas, as reações químicas, bioquímicas e cerebrais, os tecidos, os órgãos e o próprio estado consciente e também inconsciente.

Há uma inversão existencial. A análise é mais subjetiva e intrínseca do que a visão da ciência convencional. Na causação descendente, a consciência (que é você), o observador da realidade, provoca o colapso de função de onda no universo. Ou seja, invariavelmente, a consciência provoca o colapso no campo de infinitas possibilidades, forma os átomos, as moléculas, as células, os tecidos e o cérebro.

5. ALÉM DO FÍSICO

A consciência precede e transpõe o mundo físico. Está desligada, em primeira instância, à realidade material. Ou seja, a consciência não precisa do mundo físico e de sua ilusão existencial. Ao contrário disso, ela determina a realidade, seja nesta dimensão ou em qualquer realidade paralela. Existem cálculos da Física Quântica e experimentos científicos que atestam essa percepção. Para a matéria existir, ela precisa, necessariamente, da observação da consciência, de uma mente observadora. Por isso, se você deseja manifestar ou cocriar qualquer realidade, a primeira coisa a fazer é sair do paradigma da matéria. Isso significa sair da *Matrix*, do mundo físico e material, aceitando que a realidade é quântica, invisível e determinada pela ação da consciência.

6. ORIGEM DA REALIDADE

A consciência é o que dá origem à realidade. Ela dá origem à matéria, às estrelas, aos planetas, ao universo e a todas as dimensões. Ela tem origem na Consciência Superior e reflete sua energia essencial. Quem é a Consciência Superior? É Deus, a substância amorfa, o éter divino, o Vácuo Quântico ou a Matriz Holográfica®, conforme eu prefiro denominar.

7. FÁBRICA DA REALIDADE

O mundo material e a realidade Física, não são independentes e só podem existir a partir da observação da consciência. Só podem existir a partir da percepção da mente. E a mente, aqui, não se trata de cérebro, mas da consciência, que é o observador da realidade. Sem esta percepção, nada existe e tudo permanece em estado imanente de superposição quântica. Ou seja, sem qualquer forma.

8. MUNDO IMPERCEPTÍVEL

E se não houvesse ninguém para perceber o mundo, como seria a realidade? De acordo com os princípios quânticos, ela não existiria. Nem mesmo a cadeira em que você está sentado ou as paredes de sua casa. Pois, o que o experimento da Dupla Fenda e o princípio da Dualidade Onda/Partícula demonstram é que para a realidade existir, é preciso que alguém a observe. Se não, tudo permanece sem forma, em estado de superposição quântica e imperceptível.

Ou seja, o mundo, o universo e todas as manifestações da realidade, seja na dimensão que for, seguem obsoletas, vazias e sem interações físicas e vibráteis.

9. INFINITO POTENCIAL

Sem a observação da consciência e do observador da realidade, o que existe é um campo de infinitas probabilidades e possibilidades quânticas. Isso permite a multiplicidade da vida, variáveis quânticas e possibilidades infinitas, a partir do olhar do observador, que é você, eu, ou qualquer pessoa. Por isso, tudo pode ser manifestado ou co-criado, em companhia com a energia essencial do criador, de Deus, no espaço também conhecido como não localidade.

10. ESTADO INTERIOR

E o que determina a sua capacidade de observação para a co-criação da realidade?

Eu diria que é o seu estado interior de percepção. Na prática, isso pode ser compreendido como a manifestação de sua mente, sua consciência e de suas emoções. Porque essa atividade cria um campo eletromagnético de ressonância e de confluência entre você e a realidade observada, gerando a vibração necessária para provocar o colapso de função de onda e o respectivo emaranhamento quântico, na formação de hologramas e matrizes da realidade Física no universo.

11. UNIVERSO DE POSSIBILIDADES

O mundo, ou universo, é um campo livre de possibilidades. Um campo potencial em plena expansão, a partir do olhar e da intenção da consciência do observador da realidade. Ele tem um estado potencial de origem até a observação consciente ou inconsciente. Por isso, você, ao observar a realidade que deseja, especialmente de modo consciente, poderá criar a mesma realidade, alterar seu destino e modificar a estrutura quântica do universo.

12. COLAPSO DE ONDA

Permite materializar a realidade sonhada no momento de puro potencial, no campo de infinitas possibilidades e probabilidades, que eu chamo de Matriz Holográfica®. Pois, ao provocar o colapso de função de ondas, você consegue mudar a natureza real e o fluxo quântico de qualquer evento. Mas o que é e como acontece o colapso?

O colapso é o choque e o entrelaçamento vibracional entre a onda de energia enviada pelo seu Campo Quântico, por sua consciência e a Onda Primordial, que é a Matriz Holográfica®. Se essas ondas estiverem em sintonias vibracionais compatíveis, elas se integram e formam a matriz e o holograma do seu desejo, até ele se transformar em matéria densa e Física. Isto só acontece quando você observa, deseja, intenciona e vive, dentro de si, a experiência do seu desejo ou sonho, como se ele já fosse real.

Então, cabe a você ativar o potencial da matriz e provocar o colapso na onda de possibilidades até que sua realidade desejada vire matéria. Pois, quem determina o colapso é a sua consciência ou a sua mente que observa a realidade. Como eu comentei um pouco antes, sem esta percepção e observação aguçada, tudo no universo volta a ser somente uma onda quântica e um campo de potencialidade infinita. Tudo volta ao seu estado potencial e original dentro da Matriz Holográfica®, no espectro do Vácuo Quântico.

13. ONDA/PARTÍCULA

Se existe apenas um campo potencial na existência, então, toda a realidade está conectada. Esta conexão é vibracional e quântica. Ela é dirigida pela consciência de cada pessoa ou Ser no universo. Assim, todos os átomos estão correlacionados. O Princípio da Dualidade define muito bem tudo isso. Ele é determinado pelo estado onda-partícula da matéria. Ou seja, a matéria ou realidade, antes de ser observada pela consciência, está em estado de onda informacional e quântica, sem qualquer forma ou aderência Física. Mas quando observada, se torna matéria, Física, densa e material. Torna-se átomo, que passa a moldar, construir e arquitetar a realidade.

O experimento da Dupla Fenda confirma esta hipótese. Ao observar o átomo por uma fenda dupla, os cientistas perceberam que ele (átomo/elétron) se comportava como partícula. E quando lançaram o átomo pela fenda dupla, sem qualquer observação, ele se portava como onda, passando pelos dois buracos ao mesmo tempo. Isto comprovou que a realidade precisa ser observada para existir e que, sem essa observação, tudo volta ao seu potencial infinito e à sua forma original probabilística.

14. MAS O QUE É O ÁTOMO?

Ele é o agente de construção da realidade. São os tijolos que modelam as paredes e estruturam a composição Física de qualquer elemento ou Ser no universo, inclusive de mim e de você. Isto, obviamente, se tratando de corpo físico, químico e biológico. Os átomos são pedacinhos de matéria. Seus aglomerados formam moléculas, células e a realidade material.

Só que a Física Quântica descobriu ainda, por meio de Max Planck, que os átomos são formados, na verdade, por energia, frequência e vibração. O núcleo do átomo é de pura energia e potencial. Assim, se toda a realidade é formada por átomos, ela também é composta apenas de energia. E a energia não é fixa, ela é móvel e pode ser alterada por diferentes estados de vibração ou padrões vibracionais. Tudo é formado desta maneira: seu corpo físico, a realidade, as paredes, o chão, o teto, a natureza, as estrelas, os planetas e o universo.

15. ILUSÃO DA REALIDADE

Na verdade, tudo está em movimento e em constante vibração. Por isso, tudo é uma grande ilusão material. O que você observa são diferentes estados vibracionais de seres, objetos, realidades e até mesmo de seu corpo. Pois tudo é formado por partículas atômicas que vibram constantemente. O mais incrível é que esses elementos obedecem à sua capacidade de percepção e observação da realidade.

Por isso, tudo pode ser modelado. Tudo é plástico, a matéria é plástica e até mesmo seu cérebro é neuroplástico, segundo a neurociência. A realidade que percebemos resulta da percepção de nossos sentidos humanos e físicos. Porque, em seu cerne, ela é um aglomerado de átomos em plena vibração e transmutação energética. Nada é sólido, tudo é energético e vibracional. Tudo o que você toca ou experimenta não é tangível. Isto é apenas uma ilusão criada e espelhada por sua percepção de realidade íntima, de sua consciência observadora.

16. REFLEXO INTERIOR

A realidade do mundo externo é apenas o reflexo de sua percepção observadora interior. Por isso, o seu mundo subjetivo, suas crenças, suas percepções, aquilo que acredita, sente e como se comporta são espelhados o tempo todo, por meio da sua frequência vibracional, para o universo e para a sua vida, em linhas gerais.

Nós somos 99% de espaços vazios. Mas este vazio não é o vazio, propriamente. Dentro dos nossos átomos o vazio, na verdade, é o Vácuo Quântico, a energia da Matriz Holográfica®. Por isso, todos nós somos, no final das contas, apenas luz, pois a matriz é energia e radiação de amor, unicamente. E ela está implicada a cada Ser, a cada átomo, ao DNA e à manifestação da realidade. Além disso, estamos todos integrados e conectados vibracionalmente. Porque contemos a mesma centelha divina e o que um faz, afeta, essencial-mente, o outro.

A matéria que nos forma é quântica e vibracional. Ela está en-volvida pelo espaço vazio da matriz, cheia de informação, potencial infinito, energia e consciência holográfica ou quântica. Ou seja, a consciência do criador, a Consciência Superior, que é Deus, a Matriz Holográfica®, está entre, dentro e no meio de todos nós, começan-do pelo brilho das estrelas até o interior dos nossos átomos, molé-culas e do nosso DNA. E esta é a realidade íntima que reflete para todo o mundo externo.

17. VOCÊ PODE CRIAR UMA NOVA REALIDADE!

Agora você sabe que pode mudar a informação do átomo e as-sim alterar a realidade. Pois, em seu interior, a matéria é formada por informação, energia, frequência e potencial infinito de probabilida-des e possibilidades. O que isso significa? Que a matéria, a partir do núcleo do átomo, pode ser modificada. Você pode mudar a informa-ção que nela existe e, assim, alterar todo o contexto e a percepção real do mundo externo.

Porque tudo está em estado de onda de energia, sem forma ou composição, até você transmitir a informação que deseja por meio do seu senso íntimo e de sua consciência observadora. Até sua observação, tudo é potencial infinito, em estado puro de onda, como se fosse uma nuvem invisível de informação, energia e vibra-ção. E quem dá a forma para esta nuvem invisível, e a transforma em realidade densa é somente você e sua consciência holográfica. Isto é o que chamamos, e eu ensinei antes, de colapso de função de onda. É isso que modela e transforma desejos em sonhos reais no plano físico.

18. A ONDA DE POSSIBILIDADES

O processo é simples de entender. Quando você não observa a realidade, nada foi criado e tudo está em potencial infinito. Mas quando você olha, observa e deseja, a onda recebe a informação, a carga de energia, a carga emocional e o desenho holográfico do seu desejo. Então, a onda de energia começa a tomar forma, aderência, deixa o plano quântico ou espiritual para se tornar realidade, evento, fato ou circunstância. Assim, você também consegue alterar a polaridade de átomos para o lado positivo ou negativo, influenciando os resultados ou qualquer manifestação em sua vida. Tudo, portanto, depende do modelo de interpretação, do seu modelo mental, de como enxerga a vida, de suas crenças e condicionamentos. É o que existe no seu mundo interior que se manifestará plenamente no mundo externo.

19. SUPERPOSIÇÃO HOLOGRÁFICA

Ou superposição quântica, de acordo com a Física Quântica. Ela representa dois aspectos importantes. O estado de imanência da energia no universo. Ou seja, o estado quântico de repouso da Matriz Holográfica®, quando nada ainda está definido e tudo pode ser modelado ou alterado, a partir do olhar do observador da realidade ou da consciência. Ou, em termos ainda mais técnicos, a superposição quântica é definida pela correlação quântica dos átomos e da matéria, em toda e qualquer realidade, ao mesmo tempo. Ou seja, tudo está conectado, coexiste simultaneamente, virtualmente, holograficamente e pode ser medido e mensurado.

Um átomo, deste modo, está correlacionado a todos os demais átomos em qualquer parte do universo. E quando o sistema físico é medido, ele se mostra apenas como um único estado de onda. Por isso, tudo está suspenso e em estado potencial de onda até que seja observado pela consciência. Ou seja: o que está dentro, está fora; e o que está fora, está dentro. Tudo é uma coisa só, uma realidade apenas e uma existência plena em diferentes estados potenciais, que podem ser ativados e acionados pelo poder da sua Consciência Holográfica.

20. FUTUROS POTENCIAIS

Diante desses fatos, você tem um universo inteiro de possibilidades e infinitos futuros potenciais para observar e escolher, o tempo todo. Na prática, isso significa que você pode escolher qualquer realidade, pois você existe ou coexiste quanticamente em infinitos estados, futuros potenciais e perceptíveis de realidades. Com sua nova Consciência Quântica, agora mesmo, você pode fechar os olhos, observar a realidade desejada e cocriar o futuro alternativo que mais convém a você. Desde que viva intensamente esta experiência dentro de si, foque sua atenção, se emocione com seu desejo e permita-se viver um novo destino quântico. Lembre-se de que seu futuro potencial ainda não foi escolhido até você observar a realidade desejada no espaço da Matriz Holográfica®.

21. HORIZONTE QUÂNTICO

Este é o horizonte do novo paradigma quântico. Nós temos o poder para escolher esses futuros potenciais e alterar nossa realidade atual, se assim quisermos. Tudo depende da sua observação no espectro do campo de potencialidade infinita, a partir do conceito da superposição quântica. Para materializar esse novo horizonte, o ser humano, especialmente, possui recursos naturais como a visualização criativa e holográfica. Também pode notabilizar positivamente suas emoções, direcionar o foco produtivo e elevado em seus pensamentos e manter atitudes congruentes e alinhadas vibracionalmente com seus sonhos.

Vou dar um exemplo claro. Você deseja receber a notícia de que passou em um concurso que ainda fará. Desde já, pode viver essa experiência positiva dentro de si, enxergar o futuro, vivenciá-lo, criar o holograma quântico do seu desejo e a vibração necessária para materializá-lo no plano físico.

Isto deve ser feito em um estado mental de harmonia, com um sentimento profundo de realização no momento presente, em um estado de coerência cardíaca entre cérebro e coração. Porque no processo do colapso de função de onda, o mais importante é a vibração emitida pelo seu campo relacional, sobretudo o campo do coração, sessenta vezes mais extenso e cinco mil vezes mais poderoso que o campo do cérebro. O que isso significa?

Duas coisas dentro do Processo de Cocriação da Realidade:

1) A mente não sabe distinguir o que é real do que é imaginação.
2) O sentimento tem mais poder para colapsar a realidade porque gera uma vibração de realização mais poderosa do que o cérebro.

22. PERCEPÇÕES LIVRES

Entrar em contato com a realidade desejada ou qualquer realidade a ser observada, ainda é um potencial infinito e pode se manifestar, livremente, de formas incontáveis. Ou seja, tudo permanece em superposição até que você observe e escolha a realidade desejada, de modo consciente. Até o ponto em que você consiga exercer a influência e a interferência decisiva de sua consciência em todo o processo de manifestação Física da realidade.

Este é o pensamento quântico e a consciência holográfica que deve expandir, diariamente, se quiser assumir, de modo definitivo, o controle de sua vida, para criar um destino incrível. E isso pode ser potencializado ainda em seu estado de silêncio interior, ao baixar os ciclos de onda cerebral para as faixas Alfa e Theta, entrando em Ponto Zero, em sinergia e em perfeita compatibilidade com a própria Matriz Holográfica®.

Pois, nesse momento, você está em superposição quântica, em fase com o universo, e todos os futuros possíveis ficam à sua disposição e livre escolha. Tudo se torna possível neste momento e você pode definir qual probabilidade e possibilidades deseja experimentar, seja ela qual for. Todos os futuros se desdobram no tempo e você pode manifestar, livremente, qualquer um deles.

23. 100% RESPONSÁVEL

O que a Física Quântica comprova é que podemos manifestar qualquer realidade. Que somos os agentes causais do nosso destino. Do mesmo modo, certifica que temos 100% de responsabilidade por nossa vida, seja de modo consciente ou inconsciente. Pois, cocriamos o tempo todo, de olhos abertos ou mesmos fechados. Assim, você tem 100% de responsabilidade pelos eventos positivos, como pelas situações desagradáveis que enfrenta ou já enfrentou. Tudo, mais uma vez, depende de suas crenças, de sua capacidade íntima de percepção da vida, do mundo, dos outros e sobre si mesmo.

Até que ponto suas crenças influenciam a realidade atual que você vive?

Até que ponto você se permite experimentar um destino extraordinário?

É você quem define quais crenças deseja aflorar de dentro para fora de si. Se você prefere uma vida limitada, cheia de restrições físicas e materiais, ou uma história repleta de realizações, apoiada em princípios quânticos e flexíveis, permitindo-se viver o que sempre sonhou, como dono do próprio destino e da vida que sempre desejou, em todas as áreas e departamentos, sem qualquer restrição.

24. EU SOU MAIOR

O que vai determinar sua nova realidade é a tomada de sua nova Consciência Quântica e Holográfica. E esta consciência representa seu EU MAIOR, seu EU SUPERIOR. É o seu estado de plena integração com o universo e com Deus, que você pode manifestar ao silenciar a mente e entrar em fase com a energia essencial.

Estar nesse estado significa voltar-se para si, viver em estado de onda mental, vibracional e informacional. Em estado de onda, tudo é possível, você pode tangenciar o espaço/tempo, percorrer todas as dimensões do Campo Quântico e escolher o melhor futuro possível direto na Matriz Holográfica®. E você consegue isso em estados meditativos, ao praticar a Técnica Hertz®, e silenciar, completamente, sua mente e seu coração.

Neste estado de Ponto Zero, tudo volta ao seu *momentum* de origem, à potencialidade pura e tudo pode ser. Você pode achar a cura de que precisa, encontrar o amor que busca, cocriar a casa dos sonhos, o sucesso pessoal, o reconhecimento profissional e manifestar, livremente, todas as suas realizações. Pois existem várias versões extraordinárias suas, que só precisam de sua observação, atenção e sintonia para se tornar reais e materializarem no mundo físico.

Você pode acessar o conteúdo bônus desenvolvido especialmente para este livro a partir do QR code:

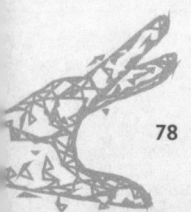

CAPÍTULO 3

SONHOS DISTANTES

Apesar de compreender que é possível criar uma nova versão de você, mudar sua vida, transformar sua realidade... Apesar de saber que seu cérebro pode ser modificado e precisa também mudar seu corpo, para que suas ações e comportamentos se tornem o seu sonho...

Às vezes nada parece mudar de direção ou panorama na sua vida. Eu sei, eu entendo! Mesmo sabendo que você pode transformar tudo se pensar e projetar seu desejo como se já fosse real, a ponto de parecer que seu futuro já aconteceu antes de se tornar realidade, você não muda! Por quê? Porque você ainda não tem consciência do poder que existe no seu interior!

> Às vezes nada parece mudar de direção ou panorama na sua vida.

Por isso, quero reforçar o que expliquei anteriormente. Para ativar o DNA Holográfico da cocriação da realidade e experimentar a sua versão ideal futura agora, precisa entender que você é feito de Energia, Consciência e Informação.

Você deve exterminar qualquer dualidade entre matéria e pensamento, ou energia (onda) e matéria (partícula), pois a concepção da vida rejeita qualquer senso de divisão ou separação radical. Sem essa consciência, qualquer sonho permanecerá distante da realidade material, incongruente e sem a vibração necessária para se transformar em matéria e verdade no mundo físico ou atemporal.

Para isso, você precisa entender que a sua mente possui três níveis de consciência (Consciente, Inconsciente e Cósmica).

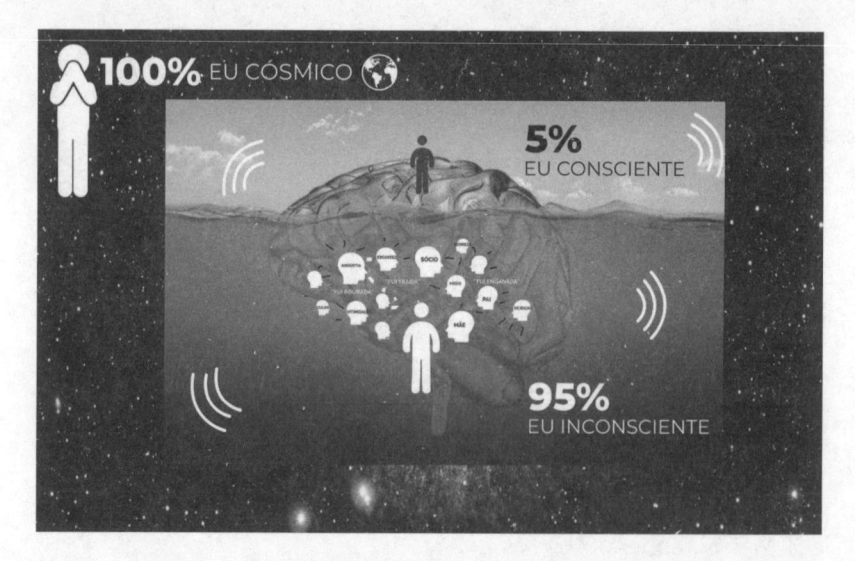

O primeiro é a mente consciente ou racional, que representa 5% do sistema mental e, em suma, afeta e interage com tudo aquilo a que estamos conscientemente dando atenção, analisando, pensando, planejando ou decidindo sobre cada ação. São as suas atitudes e comportamentos no presente momento. Esse é o único nível sobre o qual temos poder e controle, porém corresponde a apenas 5% de todas as nossas chances de mudar algo.

Então, enquanto você usar apenas esse recurso, nunca mudará sua vida. O problema é que as pessoas passam parte da vida usando apenas 5% de todo seu poder cocriador. Isso, fatalmente, distancia a materialização de qualquer sonho.

PROCESSO INCONSCIENTE

Nosso inconsciente (segundo nível), ou subconsciente, processa 95% do seu poder de mudar tudo, mas todas as informações armazenadas no inconsciente ainda estão em nível oculto, formado por crenças sobre as quais você não tem conhecimento.

Elas dirigem a sua vida sem você sequer perceber. Lembra que falamos sobre o ambiente e sua influência no desenvolvimento do seu poder para cocriar o futuro escolhido? Pois ele se encontra aqui, com todas as memórias, fotos, imagens, nomes, sobrenomes, números de telefones, acontecimentos antigos, autoimagem, hábitos, imaginação, crenças, paradigmas, dogmas, culpas, traumas, incapacidades, inseguranças, entre outros.

Todos esses registros estão arquivados na memória desde a infância, e o sistema operacional dessa mente elabora e comanda sua vida de acordo com essas informações do ambiente em ressonância com pensamentos, sentimentos, comportamentos e ações, determinando 95% de tudo que vai acontecer em sua vida.

Essa percepção reversa da vida, oculta por todos os registros armazenados no inconsciente, sem dúvida é o grande bloqueador do seu futuro ideal e o que tem afastado, cada vez mais, a cocriação dos seus sonhos. Porque é esse o poder da Frequência Vibracional®. Ou seja, poder, energia e magnetismo, vibrando eletromagneticamente, 24 horas por dia. Esse arsenal de informações, em um oceano de energia vibrante, é algo incrível e transformador.

A mente inconsciente comanda a realidade, pois aceita tudo como verdade. Ela não pode mudar as informações, apenas executa. Para mudar a sua realidade, as três mentes precisam estar em concordância, pensando, sentindo e agindo em sintonia. O grande detalhe é que a mente cósmica diz sim a tudo o que está programado na mente inconsciente. Logo, a mente inconsciente é programada pela mente consciente, que veremos com mais detalhes nos próximos capítulos.

> A mente inconsciente comanda a realidade, pois aceita tudo como verdade.

SEGREDOS OCULTOS DA MENTE

Você não consegue cocriar seus desejos justamente por achar que está no controle e que tem consciência sobre a realidade. Porém, muitas vezes, sequer consegue diferenciar o que é real do que é "mentira".

A mente inconsciente só atende aos programas "pré-instalados", que chamamos de sistema de crenças, mais uma causa da situação paralisante em que você se encontra. Contudo, temos uma chave Quântica e podemos enganar essa mente com "ações futuras no agora".

Como seria se meu desejo estivesse realizado agora? Como eu agiria? Como me comportaria? Como me vestiria? O que as pessoas me diriam? Eu aprendi a fazer isso, e vou ensinar a você!

CHAVE QUÂNTICA

Faça questionamentos a si mesmo com base no futuro realizado. O que irá fazer hoje (atitudes, comportamentos, locais que frequenta...)? Como irá se sentir e se comportar? O que irá falar? Como seria sua vida cotidiana? Crie um filme mental de como se sentiria depois de alcançar sua meta.

A partir disso, comece a se vestir dessa maneira, a se comportar desse jeito, a se sentir assim. Quando passar a viver isso, suas crenças serão apagadas sem esforço, sequer precisará aplicar todas as técnicas do mundo, porque você mudou sua vibração, sintonizou a sua versão do futuro, que já é real. Esse é o processo mais poderoso que eu conheço! E vou aprofundá-lo nos próximos capítulos.

> Quando você começa a colocar tudo em prática e viver como se fosse realidade, a mente inconsciente não sabe se isso está acontecendo ou não.

Estudei durante muitos anos como reprogramar crenças, sendo que eu não sabia quais eram as minhas. De muitas delas eu nem tinha consciência, mas, se minha vida estava um caos, elas existiam. Então, busquei soluções para reprogramar minhas crenças, mudando minha frequência e acessando meu futuro. Sempre que desejo conquistar algo, sigo essa linha de ação.

VIVA COMO SE FOSSE REALIDADE

Quando você começa a colocar tudo em prática e viver como se fosse realidade, a mente inconsciente não sabe se isso está acontecendo ou não. Ela apenas executa e seu corpo, por meio das três mentes, irá acreditar que você já conseguiu alcançar seu sonho.

Essa nova informação e energia serão registradas no seu sonho. Por exemplo: se você deseja manifestar mais prosperidade, pense o que você faria se tivesse esse sonho realizado agora e como se sentiria. Talvez você responda que iria jantar no restaurante que sempre sonhou ou que nunca mais foi, com sua família. Pois é exatamente isso que você deve fazer. Não precisa ser o mais caro nem ir lá todos os dias, mas precisa ir ao restaurante e se sentir muito próspero.

Quando você age de acordo com o que deseja, engana a mente e confunde seu inconsciente, pois ele não consegue julgar nem entender se as suas ações são reais ou imaginárias. Ele simplesmente aceita o que está acontecendo e essa vibração cria eletromagnetismo para ter mais e mais disso. É o famoso viva como se fosse realidade, aja como se o seu desejo já fosse real.

MENTE TEMPORAL – SÓ EXISTE O AGORA!

Sabe por que isso é muito poderoso? Porque, além de não distinguir o que é imaginação e o que é realidade, o que está vendo ou imaginando, a mente que controla as cocriações é atemporal e está integrada a todos os futuros intermitentes, imperceptíveis e alternativos.

Isso quer dizer que, para ela, não existe passado, presente, futuro ou mesmo qualquer dimensão separada. Tudo o que você pensar ou sentir agora será criado no futuro. Se buscar informações da infância, que aconteceram no passado, ela não entenderá, porque o passado existe para você neste instante, mas para essa mente ou Universo, tudo está acontecendo apenas neste momento.

Somente agora, em estado de presença, temos o poder de mudar algo ou, ainda, de cocriar o que desejamos. Seus sonhos estão no seu estado de presença, no que sente agora, na sua fé, naquilo que acredita e vive internamente. Isso é o que o aproximará de cada desejo que corresponde à manifestação do seu Novo Eu, imediatamente.

A MENTE NÃO JULGA

Uma das coisas mais incríveis dessa mente é que ela não julga. Pois quando você julga, reclama, briga ou fala mal, ela entende que são os seus pedidos, suas intenções, suas ordens, porque não existe o outro para o Universo. Tudo o que você vibra retorna para você. Tudo que você deseja para o outro, cria a *sua* realidade. Assim, você só poderá ter o que desejar ao próximo. Aqui, entra o poder do perdão e um estado benevolente.

Você só poderá ter para sua vida o que vibra dentro de si, pois aquilo que pensa, sente e vibra retorna para você, criando agora sua realidade futura e seus sonhos no momento presente.

MENTE CÓSMICA

Nesse processo, temos a mente cósmica, a consciência não local, que é responsável pelo colapso de onda, a consciência de escolha! Chamo essa mente de Criador de tudo que é ou Eu Superior. Ela se conecta apenas ao inconsciente e não tem nenhuma comunicação consciente. Portanto, toda programação da mente inconsciente, a Mente Cósmica (Deus) cumpre como realidade, dizendo sim!

Ela diz sim a todas as informações que estão vibrando. Sob essa perspectiva, desprogramar a mente é mudar toda a configuração mental que não serve mais, resetar e desinstalar programas antigos, culpas, rejeição, abandono, sentimento de não merecimento, que estão gravados no Sistema Operacional Mental.

Ou seja, instalar novos programas mentais, com uma nova linguagem atualizada, de acordo com quem você é hoje. Assim, terá um novo sistema de crenças em sintonia com o seu desejo. Agora, observe um dos segredos mais importantes deste livro. Se nossa mente inconsciente trabalha 24 horas criando a realidade que vivemos de acordo com as informações que estão depositadas lá, será que enquanto dormimos, estamos cocriando?

Sim, estamos! Nossa mente inconsciente não dorme, pois ela colapsa a função de onda em estado de vigília. Ela vibra por 24 horas, todos os dias, e ao mesmo tempo; a Mente Cósmica executa nossas cocriações, pensamentos e intenções. Logo, colapsamos prosperidade quando adormecemos pensando nisso, criando um eco na mente.

Da mesma maneira, opera a Frequência Vibracional® do medo, preocupação, angústia, escassez. Tudo está vibrando, mesmo que de modo mais lento. Tudo está produzindo frequência, onda e informação.

MENTE COCRIADORA

Essa mente é a vibração, o Vácuo Quântico ou Matriz Holográfica®, onde tudo é organizado e criado. Por isso, o que desejamos para o outro é um desejo no Universo e está sendo organizado para materializar na nossa vida. Por que você não está no Universo, você é parte do Universo.

Logo, pensamentos, sentimentos, comportamentos, palavras, ações, imagens, crenças, intenções e imaginação criam a ação da Emosentização®, que cria a informação e energia, gerando um código de barras, que chamo de "informação emocional".

Essa informação jamais pode entrar em conflito com nenhuma crença limitadora, porque, dessa maneira, a informação com o comando para cocriação do seu pedido será "enviada" até o Campo Matriz Holográfica®, e a cocriação acontecerá instantaneamente. Porém, por que para algumas pessoas, ou mesmo para você, isso não funciona?

Existem outros fatores importantíssimos para que a materialização aconteça e possa criar uma nova versão sua nesta dimensão, para que seu desejo densifique e passe de energia para partícula. Se sua mente é atemporal, você precisa estar no presente, e uma das causas de não acontecer é exatamente o fato de que as pessoas, em geral, nunca estão no presente, estão sempre no passado ou no futuro, mas em um futuro inconsciente e, por isso, ficam à mercê de qualquer realidade ou percepção de realidade, contrária aos seus desejos.

Apenas no agora, no momento presente, você pode acessar, sintonizar ou vibrar em ressonância com seu duplo, do contrário estará ansioso, angustiado, tenso, triste, vibrando na preocupação. Precisa estar no SER. E se não está no SER, não está no agora e essa é outra causa do fracasso.

> Se existe ansiedade significa que você não tem aquilo em que está pensando.

Ou melhor, do Efeito Zenão, um fenômeno que paralisa o processo de materialização do seu sonho. Pois ele paralisa o decaimento atômico – em uma linguagem leiga: "mata o seu sonho". Em termos mais científicos, o Efeito Zenão reduz a velocidade da onda, porque recebe informação e energia de ansiedade.

Se existe ansiedade significa que você não tem aquilo em que está pensando, e isso faz com que congele o processo das flutuações no Vácuo Quântico, no campo de pura consciência.

DESTRUIDOR DE SONHOS

O Efeito Zenão Quântico é uma das causas mais recorrentes porque prova que, quando você não está alinhado ao seu sonho, os três Eus Quânticos não estão funcionando. Ele tem o poder de anular, apagar, cancelar, destruir, evaporar com seu sonho. Ocorre sempre que você olha para seus desejos e objetivos com medo, ansiedade, dúvida, incerteza ou qualquer outro sentimento negativo.

O desejo deixa de vibrar e passa a tomar uma nova forma, na polaridade negativa, tornando-se a causa principal de você ainda estar cocriando ao contrário do que deseja. Aí você me pergunta: "Elainne, pensar, visualizar, vibrar, meditar, ver meu sonho o tempo todo, colocar mais energia nele não faz acelerar a materialização? Como isso pode destruir os sonhos?".

Sim, isso pode explodir a possibilidade de realização de seus desejos. Esse mesmo pensamento pode causar o cancelamento do seu sonho, provocado pelo Efeito Zenão. Entretanto, existe uma única maneira de isso não acontecer, e quem não conhece esse segredo segue pensando e destruindo todas as suas cocriações.

O segredo é o portal do acesso ao seu Eu Holográfico® do Futuro. Existe uma única maneira para visualizar seu desejo diariamente, aumentando seu potencial de materialização, sem causar o Efeito Zenão. Vou falar sobre ele nos capítulos seguintes, mas primeiro, você precisa entender como funciona o alinhamento mental.

REALINHAMENTO VIBRACIONAL

É com sua mente consciente que você escolhe, deseja, cria e tem intenção de praticar os passos de visualização. O problema é que essa mente não tem poder para colapsar e materializar sonhos. Seu desejo consciente precisa ser "enviado" até a mente cósmica (Vácuo Quântico) – essa mente só se comunica, como expliquei, com a mente inconsciente, portanto querer algo não significa absolutamente nada.

> É com sua mente consciente que você escolhe, deseja, cria e tem intenção de praticar os passos de visualização.

Ser algo é a linguagem do inconsciente, é o que acessa sua versão do futuro, porque ele (futuro ou Eu Holográfico®) já é o que você precisa se tornar. Então, é necessário reprogramar o seu inconsciente para que o seu sonho esteja instalado nessa parte da sua mente, que vibra 24 horas, emitindo sinais ao Campo Quântico, para começar a vibrar em ressonância com a consciência não local (multiversos) em que se encontra o seu Eu do Futuro.

Para acessar seu duplo (Eu Holográfico®), você precisa vibrar na mesma frequência em que ele já se encontra. Uma consciência de pobreza e escassez não acessará seu Eu do Futuro, próspero e rico. Por isso, é necessário que esse desejo faça parte do inconsciente. E é exatamente esse o problema de 95% das pessoas que começam a usar a Física Quântica para criar a realidade. Elas focam somente em trabalhar a mente consciente, com intenção, desejos, sonhos, pensamentos, visualizações, meditações, imaginações etc.

> Nossa mente consciente está totalmente sob nosso controle, todos os nossos pensamentos são processados pelo consciente.

Porém, se o seu inconsciente for alimentado por sentimentos de baixa vibração e baixa frequência, polaridade contrária, crenças limitantes, doenças emocionais, que o impeçam de alcançar aquele objetivo, você não conseguirá materializar. Nossa mente consciente está totalmente sob nosso controle, todos os nossos pensamentos são processados pelo consciente. Portanto, o simples fato de trocar frequência densa por frequência alta, trocar pensamentos negativos por pensamentos positivos, já reprograma sua mente, por que você entra no comando da sua vida. Uma vez que esta mente é a comunicação direta com a Mente Cósmica.

MENTE CÓSMICA É DEUS

A mente cósmica é o Universo. Ela só diz sim – seja feita a sua vontade – para todos os seus desejos, pois ela jamais questiona, apenas materializa a informação em conjunto com o Vácuo Quântico, consciência divina que tem a vibração da soma dos três Eus Quânticos da mente coletiva (mente de todas as pessoas com que você está entrelaçado).

O maior poder dessa vibração é tudo que carrega sentimento – que é cinco mil vezes mais poderoso do que a mente e o Universo – e apenas faz parte do processo de fusão para o colapso de onda em partícula, ou seja, desejos em realidade.

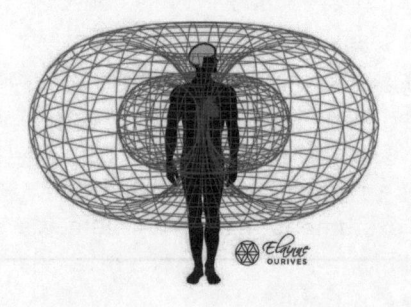

O que quero reforçar é que só a mente inconsciente, em coerência harmônica com o consciente e a mente cósmica, consegue enviar sinais para o Universo. Por isso, volto a perguntar:

- Qual é o seu sonho?
- O que você pensa sobre esse sonho?
- O que você sente quando pensa no seu sonho?
- Quais emoções, sentimentos e sensações vêm à tona quando você imagina a vida que deseja?
- Escassez, falta, angústia, não merecimento, medo, culpa, incapacidade, impossibilidade, vergonha, ansiedade, dúvida?

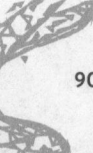

Esses sentimentos produzem vibrações baixas, codificados pelas crenças limitantes. Todo esse oceano de emoções, crenças, medos, traumas só vem à tona quando ativado pelos sentidos. Quando alguém o rejeitar, mesmo que seja no caixa da farmácia, vai ativar a rejeição que está instalada lá dentro, e isso passa a vibrar. Portanto, seus desejos não acontecem! Se não cancelar essas emoções, estará fadado a repetir esse padrão a todo momento.

Você ainda sente algum tipo de dor Física, sentimento de insegurança, medo, abandono, tristeza, arrepio ao ver uma imagem, sentir um cheiro, ouvir um som? Eu acredito que sua resposta tenha sido um "sim". O que procuro aqui é despertar mais clareza e entendimento entre seu Eu do agora e o seu Eu do Futuro.

Nosso inconsciente é como um escudo protetor que, às vezes, parece até estar contra nós, mas trabalha 24 horas para nos proteger. Pensa comigo, quando você coloca muros e barreiras, quem fica por trás deles? Você, pelas barreiras que ergueu.

Se você pensa em pobreza, seu inconsciente não sabe o que é, pois a linguagem é a vibração e, por isso, vai projetar mais pobreza em seu caminho, pois a riqueza, neste caso, seria a frequência repelente. A mente inconsciente não vai querer registrar essa informação, pois vai entender como uma ameaça para você – uma vez que ela não está acostumada com o ambiente, o pensamento, as emoções, ter e sentir essa sensação estranha. Está acostumada com pobreza, falta, escassez. Logo, você não convencerá a mente de que é rica, por isso continuará vivendo na pobreza, pois precisa SER para acessar seu duplo Quântico.

A mente inconsciente, como nossa protetora, vai afastar tudo aquilo que julga perigoso, mantendo um padrão de repetições, até se convencer de que você mudou. Afinal, tudo no Universo é energia, frequência e vibração (onda que se torna partícula).

> A mente inconsciente, como nossa protetora, vai afastar tudo aquilo que julga perigoso, mantendo um padrão de repetições, até se convencer de que você mudou.

Você não atrai o que deseja, você cocria sua vida. Cocria a sua realidade com o consciente universal aqui ou em qualquer realidade paralela, por correspondência Quântica.

VOCÊ COCRIA O QUE É (SER)

Criamos os nossos desejos a partir da organização do Vácuo Quântico, por meio da assinatura vibracional, que será codificada com o aumento da frequência e limpeza dessas crenças. Você pode ser o que quiser, e não há limites quando se trata de cocriação deliberada.

Os únicos limites que existem são seus sabotadores de não merecimento, insegurança, culpa, medo. São as crenças que comandam sua realidade e cada uma delas possui Frequência Vibracional®. Agora, imagine a soma de todas elas! Por isso o processo é Ser, Fazer e Ter.

Nós temos dois grupos de crenças: as positivas e possibilitadoras, que nos elevam e empoderam; e as negativas, que chamamos de limitantes e nos impedem de evoluir e despertar.

E POR QUE NÃO TENHO MUDANÇAS?

É preciso reprogramar, reestruturar, transmutar, apagando informações e programas neurais antigos e desatualizados, como o do medo, da escassez, da culpa etc. Eu considero essa uma das principais causas de não haver mudanças em resultados e escolhas, ou, ainda, do afastamento dos seus sonhos. Por isso é preciso substituí-los por novos programas atualizados, de acordo com seu Novo Eu.

Esse pode ser um fato difícil de aceitar, porém, quando você o compreende, torna-se o cocriador da sua realidade e de futuros alternativos, colapsando o momento presente que preferiu e escolheu. Você pode combater essas causas de bloqueio apenas utilizando o poder de cocriação que existe dentro de você.

Ao assumir 100% de responsabilidade, reestabelecendo o controle da sua vida, você jamais se sentirá culpado por nada, e entenderá que tudo é sua responsabilidade. A pobreza, a doença, o assalto, a riqueza, a traição, a rejeição, o término do casamento, os problemas no trabalho, todas as causas foram criadas por você. Tudo é fruto da sua própria cocriação!

BLOQUEADORES DE SONHOS

O que isso quer dizer? Quando nos colocamos na postura de vítimas, culpando Deus, o Universo, a má sorte ou as circunstâncias, acabamos, inconscientemente, vibrando em baixas frequências, aquelas energias densas. Essas baixas frequências nos deixam contraídos energeticamente e isso acaba bloqueando e obstruindo todos os pilares de nossa vida.

Quando assumimos nossa responsabilidade, nos tornamos os protagonistas do nosso destino e cocriadores da nossa realidade futura. Passamos a acessar frequências de expansão ou altos níveis frequenciais, pois, quanto maior nossa Frequência Vibracional®, mais rápido se dá o processo de sintonizar e colapsar nosso Eu do Futuro, nosso Eu Holográfico®, materializando nossas próprias cocriações.

> Quando assumimos nossa responsabilidade, nos tornamos os protagonistas do nosso destino e cocriadores da nossa realidade futura.

Aceitando que você é responsável por tudo que está em sua vida, você sintonizará sua melhor versão. Vibrar em baixas frequências significa o mesmo que a ativação de uma máquina mental destruidora de sonhos.

POR QUE NÃO ESTOU VIVENDO A VIDA QUE DESEJO?

Outro destruidor de sonhos, que inclusive aconteceu comigo e não me permitia criar a realidade, foi a falta de conexão e aceitação com o que estava acontecendo em minha vida. Nesse ponto, compreendi que só poderia mudar o que conseguisse aceitar. Ou você aceita ou resiste, e a resistência tem frequência de pesar, de luta. Já a aceitação tem frequência de harmonia, amor e gratidão.

Para aceitar, foi preciso estabelecer uma conexão com o meu eu interior. Sem dúvida, esse foi o acontecimento mais importante de toda a minha jornada Quântica. Para estabelecer essa conexão, precisei me curar. Sinceramente, jamais poderia mensurar o tamanho da mudança que aconteceria, e confesso que não foi fácil, pois não é de um dia para o outro que você aprende a lidar com as próprias emoções e passa a ter a vida que deseja.

SÓ MUDAMOS O QUE ACEITAMOS

> Você só vê no outro a imagem do que é.

Aceitar-se é permitir o resgate da sua essência. Você só vê no outro a imagem do que é. O que o incomoda no outro, de alguma maneira, está dentro de você. Aceitar é se abrir para investigar suas manias e defeitos e entender que o que existe em sua vida é complemento de quem você se tornou.

É totalmente possível estabelecer um Novo Eu, cheio de novas possibilidades e meios de ser. O que você está fazendo aqui é a pergunta mais direta que você pode se fazer. É jogar para si a verdade e limpar a mesa da sujeira que restou. A partir de agora, não há nenhuma possibilidade de essa pergunta continuar sem resposta dentro de você, porque, ao observar tantas maneiras de aprender olhando para ela, você vai querer conhecer mais sobre si mesmo e aproximar seus sonhos.

É um grande e especial caminho que se abre para a cura e para a aceitação, olhando diretamente para si e compreendendo que tudo, exatamente tudo, está como você escolheu. É como se comparar a um sistema de computador ou celular. Para inserir uma nova configuração ou aplicativo, é preciso identificar e limpar programas que já não estão mais servindo.

É uma espécie de autolimpeza, que nós, seres humanos, também precisamos fazer, só que em nossa vida. Nossa existência não está sendo experienciada à toa, como se fôssemos seres sem propósito e sem ligações aqui na Terra. Tudo está altamente conectado e vigiado por um Universo Quântico, que contém as mais variadas possibilidades.

Cada um de nós possui uma história e uma trajetória a seguir, desde que nos tornamos seres encarnados. Embora cada um tenha a sua versão singular, todos nós estamos aqui para presenciar o amor dentro de nós e as ações que nos elevam para viver em alegria mútua, de amor e felicidade.

VIRE A CHAVE

A Mente Inconsciente armazena suas crenças como falta de confiança, medo, escassez e outras emoções da sua programação, pois esse é o seu *software*. Por isso, quando você desperta e percebe que precisa mudar, comprometendo-se a compreender tudo que acontece ao seu redor, consegue desinstalar essa programação antiga, desatualizada, e insere uma nova programação, que o torna melhor e parte de quem você é hoje.

Emoções negativas que sempre fizeram parte de você já não fazem mais sentido. Você desinstala e desprograma essas emoções, retirando o que não serve e abrindo espaço para novas sensações, desinstalar, deletar da lixeira, abrir a mente. Girar a chave! Liberar espaço. Entender que é você quem define se uma situação complicada vai permanecer ou se modificar, pois elas somente se alteram ao seu comando, pela sua vibração e emoções que escolhe sentir diante delas.

> Emoções negativas que sempre fizeram parte de você já não fazem mais sentido.

Por isso, o fato de continuar resistindo a essa verdade é que faz com que tudo pareça difícil, pois a falta de tempo para enxergar novas mudanças ou até para perceber o lado bom da vida, os elementos naturais que ela possui e a gratidão por acordar com saúde e disposição já são motivos suficientes para ter certeza de que está deixando de valorizar o que realmente importa.

A aceitação e a gratidão são emoções de frequência elevada, que nos fazem entender com muita facilidade todos os acontecimentos da vida. Essas emoções reverberam no campo eletromagnético, elevando, cada vez mais, a vibração e gerando um código de frequência abundante. Girar a chave torna possível a transmutação do ser, passando de uma vida incompreendida para uma vida de plenitude, em que tudo pode acontecer. O princípio da gratidão por exemplo, é o sentimento predominante em todos os momentos e responsável pelo aumento da nossa frequência e desbloqueio de crenças também.

RUPTURA NECESSÁRIA

A partir desse e de outros princípios, a construção do Novo Eu Holográfico® passa por essa transição mental, ruptura de crenças limitantes e sentimentos conflitantes, ainda impressos nos códigos do DNA e no Campo Quântico ou relacional. Foi o físico neerlandês chamado Gerardus 't Hooft que trouxe a teoria do Princípio Holográfico, e o cientista David Bohm estendeu o conceito para Universo holográfico.

Essa teoria explica que tudo o que vemos como real nada mais é do que um holograma, uma ilusão projetada de algum ponto (origem) do Universo. Então, podemos dizer que todos nós estamos "sonhando" com um mundo real, que é mera ilusão e de real não tem nada. Na verdade, estamos todos dentro de uma simulação, de um mundo virtual, como aprendi com Tom Campbell, ex-Nasa.

A realidade é como em um jogo de videogame, no qual todos estão tentando passar de fase e vencer. Tudo isso é uma projeção mental, um holograma criado por nossas mentes (consciência) para podermos experienciar essa realidade Física. Tudo é uma ilusão, tudo é energia, tudo é atração, tudo é ressonância, tudo é vibração, tudo é frequência, tudo é o Universo. Tudo é um holograma criado para nos transmitir a impressão de uma realidade Física, o que quer dizer, de maneira simples, que tudo que existe no Universo tem um princípio atômico, lá na micropartícula.

> A realidade é como em um jogo de videogame, no qual todos estão tentando passar de fase e vencer.

Tudo é feito de átomos ou subprodutos dos átomos. O seu corpo é feito de sistemas, que são feitos de órgãos, que são feitos de tecidos, que são feitos de células, que são feitas de moléculas, que são feitas de átomos, que é pura energia vibrando em frequência diferente, dependendo da informação gerada.

SEU CARRO É FEITO DE ÁTOMOS

O carro que você deseja materializar é feito de peças, que são feitas de moléculas, que são feitas de átomos. O mesmo ocorre com a casa, o emprego, a saúde, o dinheiro, a alma gêmea, a viagem dos sonhos, o sucesso desejado, a riqueza que deseja atrair e cocriar.

Ao analisar os átomos, descobrimos que são feitos de um núcleo com prótons, de carga positiva, nêutrons, de carga neutra, e elétrons, de carga negativa, orbitando esse núcleo, que é pura energia. Seus prótons são formados por três partículas menores, chamadas *Quarks*, que também apresentam subdivisões. Por meio de colisões entre essas partículas, cientistas puderam comprovar a existência do Bóson de Higgs, em 2012. O experimento foi realizado no Grande Colisor de Hádrons (ou *Large Hadron Collider* – LHC), situado na fronteira entre Suíça e França. A partir dessa descoberta, verificou-se que o Campo de Higgs, que se manifesta pelo Bóson, é o responsável por conferir diferentes massas a diferentes partículas de acordo com a intensidade das interações.

A energia presente no Bóson é o Vácuo Quântico (ou Campo de Higgs), que vibra em constantes flutuações, a cada nanossegundo se torna matéria e matéria se torna energia. Tudo é energia organizada de modos diferentes, que vamos chamar de Frequência Vibracional®.

FLUTUAÇÕES QUÂNTICAS INFORMACIONAIS

É essa frequência que vibra em "X" Hertz, a todo momento. O Universo holográfico é energia, frequência, vibração e flutuações Quânticas. Para finalizar, você vai entender as "deusidências" do destino (e não "coincidências"), em um Universo holográfico de infinitas possibilidades. As flutuações são programadas pela nossa intenção, que somente emitem sinal para o Vácuo Quântico quando você está em ondas coerentes. Para isso, você deve estar alinhado com seu desejo, com o modo de sintonizar seu futuro mais provável. Esse futuro, que já existe, está esperando seu comando, sua ordem.

> Esse futuro, que já existe, está esperando seu comando, sua ordem.

As flutuações Quânticas acontecem por meio de informação e energia, ou seja, de sua Frequência Vibracional®, emanada a cada nanossegundo. Seja baixa ou alta, no agora, no passado, no futuro, de contração ou expansão, positiva ou negativa, é ela que vai determinar a sintonia com seu Eu Holográfico®, se vai colapsar ou não a função de onda.

SEU CÓDIGO DE BARRAS

Seu código de barras, por meio da sua frequência, chega até o Vácuo Quântico para ser criado, colapsado, materializado (transformado em partículas e realidade Física), ou anulado (transformado em energia novamente).

A consciência cósmica (mente) é que define a informação e o comando enviado para o Vácuo Quântico. Portanto, há um alinhamento total com o Universo. A consciência escolhe apenas o que ela recebe, o sinal que chega ao Campo Quântico. Essas cargas positivas ou negativas geram um campo eletromagnético, o mesmo que os ímãs possuem, e atraem ou repelem nossos desejos, pois nosso campo eletromagnético "atrai", ou melhor, cocria, colapsa algumas partículas.

Nós cocriamos pelo Vácuo Quântico (consciência divina) nossa realidade, por meio da Assinatura Energética, que nos dá acesso à nossa melhor versão. É nosso código de barras energético que sintoniza o futuro mais provável. De modo contagiante, o pesquisador Joe Dispenza define todo esse pensamento na obra *Como criar um Novo Eu*:

> *"Para mudar, temos sempre de chegar a uma nova perspectiva de nós próprios e do mundo, para que possamos abraçar um novo conhecimento e viver novas experiências."*

É isso que também proponho desde o começo da leitura e, em especial, neste capítulo. Que você finalmente se liberte de todas as crenças inseridas em sua mente, no seu Campo Quântico e dentro da vibração nuclear do seu DNA que ainda impedem a manifestação do Novo Eu em sintonia com a realidade desejada.

É hora de sentir mais do que racionalizar. O lado direito e emocional do seu cérebro precisa florescer. Lembre-se de que a produção ou a cocriação da realidade começa com o impulso eletromagnético do coração. Ou seja, com o valor máximo e equilibrado das suas emoções, pois o mundo inteiro conspira a seu favor nesse momento tão especial em que o planeta passa por uma transição dimensional sobre a realidade invisível e energética do Universo e dos mundos paralelos ainda imperceptíveis.

O MUNDO É UMA CRIAÇÃO MENTAL

O insucesso na cocriação de sonhos ainda pode estar condicionado aos seus pensamentos e emoções conflitantes. Isso, sem dúvida, impede o acesso à centelha divina que vibra em cada molécula da sua existência. Por isso, quero que domine

> O insucesso na cocriação de sonhos ainda pode estar condicionado aos seus pensamentos e emoções conflitantes.

seus poderes ocultos, saiba interagir com sua energia essencial e suas frequências, com seu Eu duplo em qualquer plataforma da existência e com suas vibrações de todos os campos de ressonância no Universo.

O mundo é uma criação mental e holográfica. Sua construção e arquitetura passam pelos pensamentos e pela ideia inata de que temos gravado, no interior do DNA, a centelha divina. Somos parte da criação e temos habilidades extraordinárias para manifestar cada um dos nossos sonhos e interferir construtivamente na Matriz Holográfica® e em todas as realidades paralelas.

Você é um sofisticado designer da criação ou cocriação da realidade e, a partir desses novos pensamentos trazidos por mim e de uma nova mentalidade expansiva, poderá modelar o futuro ou a sua melhor versão no mundo real. Esse é o seu "salto Quântico" e a ação proposta pela reprogramação Meta Jump Matrix®, que você aprenderá através do amor aqui neste livro, como aplicar para manifestar a vida que sempre sonhou.

Você precisa acreditar em si, antes de qualquer coisa. Ao crer em si, você passa a acreditar verdadeiramente em Deus, no Criador e nas manifestações milagrosas do Universo holográfico, porque o Universo está contido dentro das suas células e vibra com intenso amor no seu DNA e em cada informação registrada no seu código genético. A sintonia com seu Eu Holográfico® depende do amor-próprio.

Amar, ser amado, realizar, conquistar, consagrar-se, viver de modo esplendoroso, sentir a glória que vem das alturas e se manifesta em sua vida, em cada ato, ação, evento ou movimento nessa existência ou em uma realidade paralela. Esse é o seu destino, o caminho para brilhar e o passo mais importante para manifestar a vida mais incrível que possa sonhar ou imaginar, em sintonia com o Novo Eu e compatível com o futuro que acabou de desejar.

ESPAÇO PARA COCRIAÇÃO

Posso garantir que, a partir de agora, não há mais espaço para tristeza, depressão, melancolia ou confusão mental. Você passou a entender que existe um propósito central para a sua vida, que, a meu ver, está na transcendência do amor. Afinal, somos um no Universo, uma única consciência que se manifesta livremente em toda e qualquer realidade.

Por isso, perceba que suas perdas, derrotas e frustrações são parte do passado. Você não precisa mais revivê-las nem trazer essa memória vibracional para o presente. Não existe mais motivo para tanta inquietação ou preocupação. Você descobriu o segredo para cocriar seus sonhos e aproximar os desejos à sua atual realidade. O poder da cocriação está gravado no seu DNA energético e só precisa ser acionado, a partir da sua nova consciência de luz e de amor.

> Não existe mais motivo para tanta inquietação ou preocupação.

QUANDO O FUTURO COMEÇA?

O futuro começa com você e começa no agora. Ele inicia no ponto que você rompe com todos esses estigmas sobre a realidade material. O futuro começa a partir da sua nova consciência cósmica. Mas como, onde e quando o futuro é feito?

Nós cocriamos nossa realidade futura. Isso é fato. No entanto, começamos a formá-la na realidade presente. Nós formamos o futuro que escolhemos no presente. Todo o presente foi um futuro de infinitas possibilidades que você escolheu há algum tempo e se formou hoje.

ESTÁ FICANDO CLARO?

Quando nosso futuro ainda não é observado, existem infinitas maneiras de ele se materializar. Como tudo no mundo é energia, nosso futuro também é. Não há diferença em nada. A prática é sempre a mesma. Você emana a energia que atinge aquele átomo, que vai ser o seu futuro, tudo começa a se movimentar e se conectar até chegar à projeção primária. E o mundo gira em torno de probabilidades. Segundo a Física Quântica e o que defende o experimento da dupla fenda, podemos controlar e criar novas realidades, sempre apoiados no futuro escolhido.

> Como tudo no mundo é energia, nosso futuro também é. Não há diferença em nada.

EU INFINITO

Por essa perspectiva Quântica, o nosso Eu Consciente tem infinitas possibilidades, criadas por nossos pensamentos, energia e ondas enviadas para o Universo.

Eu sou um exemplo de infinitas possibilidades e futuro escolhido, pois utilizei todos esses recursos a meu favor para escolher minhas cocriações de sucesso. Tudo isso é incrível, mas, certamente, o aspecto mais profundo e criativo da nossa existência é Deus, consciência divina de luz, que experimenta todas as possibilidades do mundo.

Deus é o Universo, a Matriz Holográfica®. Ele é como se fosse o Nosso Eu do Futuro. Os princípios da Física Quântica – como o caso do Universo holográfico ou das Realidades Paralelas – mostram que temos como acessar todas as informações do futuro no

Campo Quântico. Entretanto, só acessamos consciente ou inconscientemente aquilo que escolhemos, sobretudo quando buscamos conhecimento e entendimento das coisas que acontecem em nossa vida.

VOCÊ ESCOLHEU!

Sim! Você escolheu, há algum tempo, este momento presente. Por isso, podemos alterar o futuro com ajuda de técnicas que mostram que o nosso Eu Holográfico® do Futuro está muito próximo. E eu reservei uma parte poderosa deste livro para falar sobre as cocriações futuras, especificamente através da Teoria do Desdobramento Quântico do Tempo e das Aberturas Temporais, apoiada na minha formação e em estudos com o pesquisador Jean-Pierre Garnier Malet.

Tudo funciona como acender uma luz. Ter anos de conhecimento, diversos pensamentos e ideias não existentes neste presente, tudo isso já estava em algum espaço de tempo no futuro, o que a Física Quântica chama de Princípio da Superposição Quântica. Todos os resultados já estão criados. Basta você despertar o futuro que deseja como realidade, de acordo com o que observa, cria e pensa. A maneira como você idealiza e acessa o seu futuro determinará a sua realidade hoje, em algum momento.

> Tudo funciona como acender uma luz.

FUTUROS ALTERNATIVOS

Somos seres de infinitas possibilidades e futuros alternativos, precisamos escolher, observar e cultivar o que desejamos. Quando vemos crianças que agem como adultos, sem treinamento ou estudo, e conseguem feitos incríveis, logo pensamos: como é possível? Simples: ninguém disse que elas não seriam capazes ou precisariam seguir um padrão.

Ela foi, observou, acessou e escolheu aquele futuro e tudo se encaminhou no presente. Tudo, de maneira muito natural, como deve ser a cocriação. E, no caso da criança, como não havia nada de energia oposta ao seu desejo, foi capaz de executar. O mesmo acontece com ganhadores de jogos ou empresários bem-sucedidos.

Isso só pode ser real porque, em algum momento, eles escolheram esse futuro, sem a interferência de nenhuma outra energia negativa. Diante desses fatos, você está convidado a acessar o melhor futuro possível, durante todo o livro, e manifestar a cocriação mais perfeita que representa o seu maior desejo, em fase vibrátil (energética) com seu Novo Eu.

TÉCNICA – REPROGRAMAÇÃO HOLOGRÁFICA 8-D META JUMP MATRIX®

Essa reprogramação vai atuar em nível mental, vibracional, biológico, celular e no DNA para liberar espaço em todo o seu campo eletromagnético, facilitando o contato imediato com seu Eu Holográfico® na cocriação de futuros potenciais infinitos.

Essa prática vai ajudar a acelerar o processo da cocriação e a sintonizar o seu Novo Eu.

Você pode acessar a técnica completa a partir do QR code:

CAPÍTULO 4

CAUSAS EMOCIONAIS E O ACESSO RESTRITO AO NOVO EU

Ao ler os relatos que recebo todos os dias, consigo perceber, exatamente, onde está o problema e a dificuldade das pessoas, o que ainda estão errando e o que está bloqueando o acesso à vida dos sonhos e ao Novo Eu Ideal, seu Eu Holográfico®. Sei disso porque passei pelo mesmo processo até me libertar das minhas emoções negativas, crenças limitadoras e comportamentos incongruentes.

O fato é que muitas pessoas são consumidas por esses sentimentos. Desejam a felicidade, mas vivem amargas, insatisfeitas e sem qualquer perspectiva de uma vida plena. São reféns dos padrões negativos da energia que emanam para o Universo. Mais precisamente, da vibração que tem origem no DNA, repercute em seu Campo Quântico de energia e se expande na não localidade.

Por isso, não conseguem cocriar nada na vida. Não entendem as leis da vibração do Universo, o poder da cocriação ou os princípios da Física Quântica, porque ainda não sabem aplicar seus recursos internos em benefício próprio nem compreendem o mecanismo Quântico para manifestação da realidade. Infelizmente, não conseguem assumir 100% da responsabilidade por seus atos e pela própria cocriação.

DE QUEM É O PROBLEMA?

O problema é que muitas pessoas ainda estão presas na vitimização, na qual seu pensamento recorrente é: "o problema sempre está no outro";

> O problema é que muitas pessoas ainda estão presas na vitimização.

"a culpa não é minha"; ou "a culpa é toda minha".

A causa para manter a vibração desse pensamento e dessa emoção é, sem dúvida, o desconhecimento sobre a cocriação futura e as leis Quânticas, a frequência inferior do campo relacional emitido ao Universo, a dúvida, a falta de práticas vibracionais. Práticas essas que possam expandir a mente, liberar a frequência de origem, despertar a vibração máxima em torno da personalidade e elevar a Frequência Vibracional® na mesma faixa de energia da realidade desejada, condizente com o futuro eleito. A causa dos bloqueios mentais e energéticos está relacionada, muitas vezes, com o desconhecimento de como o Universo funciona.

O IDIOMA DO UNIVERSO

Como já disse, as pessoas acham que o Universo fala português, mas ele não entende nem inglês, nem francês ou qualquer outro idioma da Terra. Ele não sabe o que é escassez, pobreza ou riqueza. Ele não consegue ler nossos pensamentos. Não advinha o que estamos pensando. O Universo não julga você como uma pessoa boa ou ruim, positiva ou negativa, certa ou errada. Ele apenas responde à sua vibração. Essa pode ser a causa de tanta frustração e o motivo pelo qual as coisas não funcionam como você gostaria.

> Você pode ter tudo que quiser, desde que saiba pedir do jeito certo.

Você pode ter tudo que quiser, desde que saiba pedir do jeito certo. No entanto, tenho quase certeza de que você está pedindo ao Universo do jeito errado, ele não está recebendo as suas intenções conscientes, somente as inconscientes. A única linguagem que o Universo compreende é a sua Frequência Vibracional®, seu código de barras, que chamamos de vibração.

Aquilo que você ressoa e vibra é recebido pelo Universo como um comando, uma ordem que o vazio Quântico, consciência não local, executa! Pois o Universo só responde sim! Por isso, é preciso potencializar a sua vibração para entrar, definitivamente, na esfera holográfica do seu Eu Holográfico®, que transita e viaja a velocidades elevadíssimas no horizonte da Matriz Holográfica®, mas sempre em estado de coerência e de harmonia, colocando todas as suas funções e atividades da sua consciência em plena coerência eletromagnética.

E como saber se está emitindo a frequência certa?

Quando estiver se sentindo alegre, leve, harmônico, em paz, bem, pleno e feliz, significa que você está com sua vibração em alta frequência. Já quando seus sentimentos são ruins e negativos, significa que sua vibração baixou e você está enviando ao Universo sinais contrários aos seus sonhos e "comandos" negativos.

Emoções elevadas alcançam vibrações superiores, chamadas de estado de permissão, harmonia e alinhamento, que podem ser traduzidos em alegria, prosperidade, abundância, dinheiro, saúde, riqueza etc. Sentimentos inferiores, desarmônicos, padrões estáticos, rígidos e indefinidos são estados de congelamento e descolapso de sonhos. Você fica sem o poder para colapsar e cocriar seus desejos. Não consegue materializar nada, porque não têm esperança, fé, confiança em imaginar seus sonhos futuros no atual presente, porque está munido de descrença, desesperança, resistência, desarmonia.

Logo, não atinge o seu estado de onda (pura energia – acessada em meditação profunda), ou seja, a perfeição pura. Lembre-se do seu EU do Futuro, que está em um oceano de paz, certeza, fé, harmonia, totalmente alinhado com o que deseja. É lá que trafega seu Duplo Quântico de maneira livre e à procura de experiências universais para a sua vida neste momento. Bingo!!!! Uauuuu! Isso é realmente incrível!

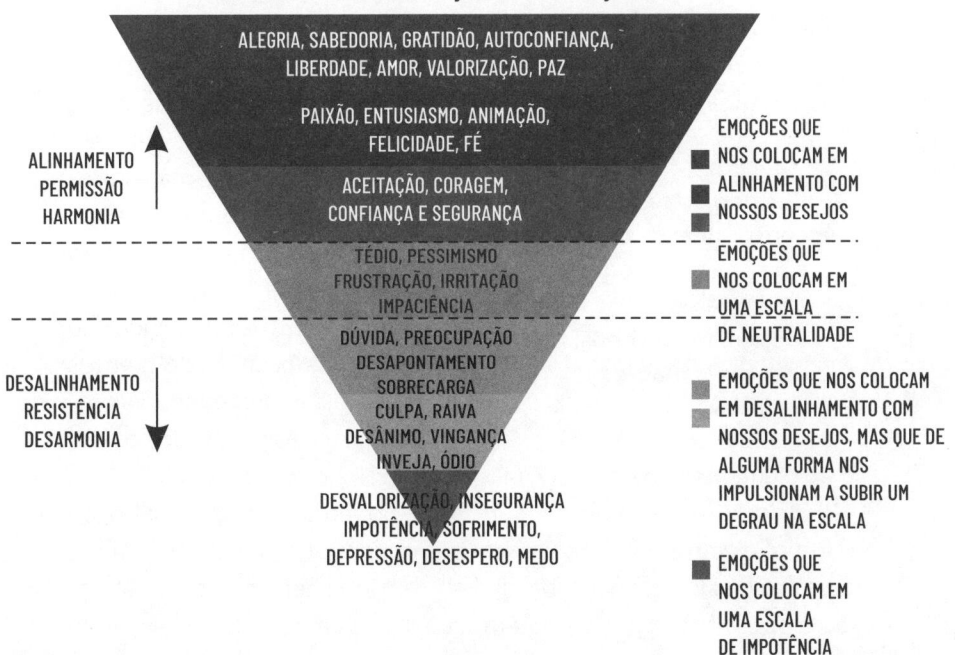

SISTEMA DE ORIENTAÇÃO DAS EMOÇÕES

ALEGRIA, SABEDORIA, GRATIDÃO, AUTOCONFIANÇA, LIBERDADE, AMOR, VALORIZAÇÃO, PAZ

PAIXÃO, ENTUSIASMO, ANIMAÇÃO, FELICIDADE, FÉ

ACEITAÇÃO, CORAGEM, CONFIANÇA E SEGURANÇA

TÉDIO, PESSIMISMO FRUSTRAÇÃO, IRRITAÇÃO IMPACIÊNCIA

DÚVIDA, PREOCUPAÇÃO DESAPONTAMENTO SOBRECARGA CULPA, RAIVA DESÂNIMO, VINGANÇA INVEJA, ÓDIO

DESVALORIZAÇÃO, INSEGURANÇA IMPOTÊNCIA, SOFRIMENTO, DEPRESSÃO, DESESPERO, MEDO

ALINHAMENTO PERMISSÃO HARMONIA

DESALINHAMENTO RESISTÊNCIA DESARMONIA

EMOÇÕES QUE NOS COLOCAM EM ALINHAMENTO COM NOSSOS DESEJOS

EMOÇÕES QUE NOS COLOCAM EM UMA ESCALA DE NEUTRALIDADE

EMOÇÕES QUE NOS COLOCAM EM DESALINHAMENTO COM NOSSOS DESEJOS, MAS QUE DE ALGUMA FORMA NOS IMPULSIONAM A SUBIR UM DEGRAU NA ESCALA

EMOÇÕES QUE NOS COLOCAM EM UMA ESCALA DE IMPOTÊNCIA

VANTAGENS FISIOLÓGICAS

Do mesmo modo que as vibrações negativas causam estragos no seu sistema, as emoções positivas trazem benefícios fisiológicos ao corpo humano e possibilidades incríveis. Ao vibrar positivamente, você dispara vibrações superiores, a partir do campo eletromagnético do coração, para o interior das células e do DNA.

Como resposta imediata, isso proporciona o ajuste vibracional e imunológico do corpo. O coração possui um campo eletromagnético que se estende por um raio médio de 5 metros, de onde são enviados sinais elétricos para todas as células, moléculas e para o DNA. Esses sinais informacionais afetam a saúde. Mais do que isso, têm interferência direta na cocriação de sonhos ao calibrar a frequência do campo vibracional, colocando-o em fase com o Novo Eu e com os futuros emergentes associados aos seus desejos emocionais, porque você passa a transitar, energeticamente, em frequências superiores e no fluxo da matriz da realidade multidimensional.

DESTRAVE EMOCIONAL

Nas pesquisas do Instituto *HearthMath* sobre o coração, os cientistas descobriram que esse órgão tem consciência e age de maneira interdependente com o cérebro. Quando está em harmonia com os hemisférios do cérebro, esse poder é ainda mais amplificado e ressignifica padrões de crenças limitantes. Transferindo vibrações positivas para todos os demais elementos do corpo, células, moléculas e o próprio DNA.

> Quando está em harmonia com os hemisférios do cérebro, esse poder é ainda mais amplificado e ressignifica padrões de crenças limitantes.

O coração, certamente, é um aliado poderoso para dar o salto até o futuro e entrar em sintonia, sem qualquer escala, no espaço-tempo, com seu Eu Holográfico®, porque ele tem inteligência, autoconsciência e opera sob o prisma da emoção. No entanto, a incoerência do coração e as emoções negativas, ancoradas por frequências de baixo calibre, impedem a materialização dos seus sonhos em qualquer dimensão, mesmo sem você ter consciência desse fato – ao menos até esse momento, em que recebe tantas informações e evidências científicas privilegiadas. São esses estados emocionais perturbadores que têm contaminado a vibração das células, das moléculas e do DNA.

Por isso, você permanece no mesmo ciclo de frustrações, porque ainda não aprendeu a comandar o coração, controlar as emoções e influenciar o seu campo de energia interior, com afirmações positivas, ideias construtivas, pensamentos confortantes e ações determinantes. Sem sustentação interna, nada do que se deseja é manifestado, pois a sua consciência deve comandar suas emoções e seu coração para gerar os resultados que tanto planeja manifestar ao escolher futuros potenciais infinitos para experimentar agora mesmo.

> De fato, DNA e coração estão unificados.

A VOZ DO DNA

De fato, DNA e coração estão unificados. Há uma profunda conexão energética e emocional entre esses dois elementos da natureza humana. O DNA escuta a voz da consciência e esta ressoa através da vibração e da frequência provocada pelas emoções, internalizadas na molécula (DNA), a partir do pulso e impulso do campo magnético do coração.

Aquilo que você observa, sente, vibra, ouve ou fala passa a modificar, internamente, as suas células e códigos informacionais do DNA. Por isso, as emoções são agentes determinantes na cocriação em qualquer tempo. Elas estimulam a corrente elétrica das demais células e o campo de vibração do corpo físico para disparar a frequência elementar até o ponto de fusão entre a onda de energia da pessoa e a faixa de vibração do pensamento do cocriador. Através da voz do DNA, o Universo organiza a realidade.

PODERES OCULTOS

O DNA é algo complexo e profundo. Tem total ligação com a cocriação e com a possibilidade de manifestar qualquer experiência trazida por seu Eu Holográfico® no momento presente. No entanto, por muito tempo os poderes do DNA foram completamente ocultos. Os cientistas compreendiam, até alguns anos atrás, apenas 10% das funções do DNA humano. E esse percentual era usado exclusivamente para construir as proteínas e o corpo físico. O restante (90%) era considerado "DNA lixo".

Contudo, a inteligência do corpo humano, o mundo e a natureza são incríveis. Deus não desperdiçaria tanta informação de uma única molécula bioquântica sem qualquer atribuição. Eu simplesmente não compreendo como foi possível considerar, por tantos anos, que 90% do nosso DNA era lixo! Ou seja, apenas 10% do DNA era usado para as propriedades do corpo físico e os demais 90% não tinha utilidade.

GOOGLE BIOQUÂNTICO

No entanto, esses 90% de DNA que eram considerados lixo, hoje não têm nada de lixo. Pelo contrário, operam como uma internet biológica ou, como gosto de chamar, o Google Bioquântico da Vida. Nesses 90%, todas as nossas memórias, crenças, aprendizados, experiências ou qualquer ação consciente ficam gravadas.

Você encontra todos os registros e pode manifestar-se em qualquer dimensão através da integração multidimensional da vibração do campo de ressonância interespacial do DNA, conforme indicam as últimas pesquisas sobre essa molécula extraordinária, que é algo que abordei, com bastante profundidade, no meu primeiro livro, *DNA Milionário®*.

PORTAL DIMENSIONAL

Pesquisas mostram alguns pontos muito interessantes sobre as capacidades do DNA. O primeiro é que ele tem a competência de interação atemporal e de atuar em comunicação direta na não localidade. Ou seja, o DNA opera como portal dimensional da consciência para acessar informações correlacionadas ao futuro. Toda e qualquer pessoa pode desenvolver fenômenos extrassensoriais.

Especialmente porque o DNA transfere informações Quânticas da Matriz Holográfica® para a consciência e da consciência para as células, e para a vibração nuclear das moléculas. Por isso mesmo, ele (DNA) recebeu o rótulo de "internet biológica".

NOVOS COMANDOS

Nesse sentido, é importante saber ainda que o DNA responde à frequência da linguagem humana. E que ele é influenciável por palavras, frequências, imagens, comportamentos, sensações, ondas eletromagnéticas da mente, identificadas por equipamentos de ressonância ou encefalogramas, e pela voz. Tudo porque o DNA tem predisposição para responder às ações da consciência através de uma linguagem própria, similar à sintaxe gramatical.

> O DNA tem predisposição para responder às ações da consciência através de uma linguagem própria, similar à sintaxe gramatical.

A sintaxe pode ser definida como o "conjunto de regras que determinam a ordem e as relações das palavras na frase" ou, de modo geral, como o "estudo da estrutura gramatical das frases"*.

De acordo com os cientistas, isso leva a observar que o DNA pode ser reprogramado. Aqui entra a comprovação das minhas técnicas, reprogramações, meditações e visualizações positivas, mantras, códigos e até orações. Tudo isso interfere na molécula do DNA, no campo ressonante das células e em todo o campo eletromagnético resplandecido por cada pessoa ao Universo e às realidades alternativas.

Isso foi confirmado quando cientistas russos adequaram as frequências da linguagem verbal e das imagens geradas por pensamentos em raios *lasers* modulados e lançados ao interior de moléculas de DNA *in vitro*. O experimento comprovou a mudança vibracional e a possibilidade de reprogramar as informações genéticas arquivadas no DNA.

O DNA escuta, responde, vibra e repercute para o restante das células todas as informações recebidas pela consciência, por sua mente, por meio de emoções, pensamentos e comportamentos, diariamente. Com isso, pode provocar novos estados emocionais positivos, aumentar a vibração de todo o campo relacional, ampliando as chances para o colapso de onda do futuro potencial e provável escolhido. Transmissões verbais e mentais, por exemplo, podem

---

* SINTAXE. In: Aulete Digital. Rio de Janeiro: Lexikon, [s.d.]. Disponível em: http://www.aulete.com.br/sintaxe. Acesso em: 16 mai. 2020.

provocar melhorias em toda a fisiologia. Basta, para isso, promover uma comunicação positiva interior com o corpo e, assim, provocar a reprogramação do código genético e informacional do DNA.

São as nossas emoções que determinam a frequência necessária para manifestação de qualquer evento em nossas vidas. E o que liga esses acontecimentos com o Universo Holográfico®, sem dúvida, é a Energia – Frequência Vibracional®. Especialmente quando é movimentada por sua consciência e interage diretamente com a frequência do seu DNA Quântico.

> **"A energia é o verdadeiro tecido de tudo o que é material, e é sensível à mente."**
>
> **– Joe Dispenza**

Tudo é energia. Os átomos são os tijolinhos da construção e da arquitetura da vida. Estão presentes em todos os elementos da existência, sobretudo na vibração do seu DNA. Contudo, os átomos também possuem campos de energia e agem como partículas elementares. Essa energia essencial está contida no DNA da Cocriação®.

> A energia não tem poder se você não estiver em harmonia e coerência.

Entretanto, a energia não tem poder se você não estiver em harmonia e coerência, especialmente se não houver equilíbrio e fluxo ideal entre seu coração (emoção) e mente (pensamento) para dar o salto ao destino futuro que deseja experimentar nesse exato momento. É isso que abre as portas do Universo para acessar seu Eu Holográfico® e manifestar realidades alternativas ao sintonizar futuros potenciais.

Essa é a chave necessária e o código secreto da cocriação futura, em ressonância com seu Novo Eu. Para potencializar todo esse poder divino que existe em você e precisa ser manifestado agora, eu vou ensinar uma prática inédita e exclusiva para você manter a coerência entre o seu coração e sua mente, em termos de frequência e vibração.

A seguir você tem o resumo da técnica gravada por mim, na íntegra, a qual pode ser acessada pelo QR code.

HEART JUMPING® - TÉCNICA PARA ENTRAR EM COERÊNCIA CARDÍACA

Coração e mente em plena harmonia para você dar um salto Quântico até o campo das infinitas possibilidades e o futuro desejado, usando o poder da frequência do seu Campo Quântico e a vibração fisiológica do seu corpo em plena harmonia com o Universo.

Você pode acessar a técnica completa a partir do QR code:

CAPÍTULO 5

DNA DA COCRIAÇÃO

SINTONIZE O NOVO EU E DESPERTE A LUZ INFINITA DENTRO DE VOCÊ

Agora você tem a chance de sintonizar o seu Novo Eu Holográfico® e despertar, definitivamente, a luz infinita que brilha dentro do DNA. É preciso compreender que a vida pulsa em cada molécula do seu corpo e que há um mecanismo regido por sua consciência. Porque tudo fica acoplado energeticamente no seu Campo Quântico, sua Matriz Holográfica® e registrado na memória das células.

Nada é eternamente sólido. As células e moléculas reagem às vibrações e, por mais densas e aparentemente imutáveis que sejam suas crenças e percepções encontradas no núcleo celular e no próprio DNA, podem mudar constantemente por meio de informação, vibração, frequência e energia. Basta que seu olhar e a direção das emoções mudem.

Você é influenciado e bombardeado por tudo, em termos vibracionais. Recebe informações e percepções que desenham o seu mapa mental, desde a sua pré-consciência, antes mesmo da concepção da vida, como algo armazenado no registro akáshico (termo em sânscrito que faz referência ao arquivo de todas as memórias, palavras, pensamentos, emoções e ações geradas por experiências vividas no passado, presente e futuro) do DNA, na fase uterina ou no aprendizado recebido ao longo da vida sobre todas as coisas ou pontos de vista.

Essa soma de fatores condicionou sua existência e, sem dúvida, determina a estrutura cognitiva da sua mente e a sua percepção sobre mundos alternativos. Entretanto, a vida é ampla e infinita. Mais do que isso, ela é autoconsciente.

MELHOR FUTURO

> Há um Universo de possibilidades e probabilidades à espera de observação consciente, pronto para ser modelado e estruturado quanticamente de acordo com sua ordem.

Há um Universo de possibilidades e probabilidades à espera de observação consciente, pronto para ser modelado e estruturado quanticamente de acordo com sua ordem. Você é apenas a expressão da Mente Cósmica, de seus pensamentos em evolução e em expansão, através de cada elemento ou observação da realidade, confirmando o processo da cocriação, quando acessa a frequência do Novo Eu e colapsa o futuro alternativo pretendido na não localidade ou no tempo imperceptível no Universo.

É possível, assim, construir e projetar qualquer realidade intencionada, pensada, imaginada e desenhada na mente e nas emoções, em um processo dinâmico que se inicia dentro das células e a partir da vibração do DNA.

TECIDO DO UNIVERSO

A Física Quântica revelou que o tecido do Universo se conecta, por meio de frequências, por um complexo sistema vibracional. Assim, tudo se conecta, desde o núcleo do DNA até os raios gama do Sol. Amit Goswami considera o modelo da causação descendente válido para representar a manifestação da existência. Nesse padrão, a vida é um complexo formado por elementos entrelaçados: partículas elementares, átomos, consciência, moléculas, células, neurônios, cérebro e realidades dimensionais.

Nesse cenário infinito, que é espaço da Matriz Holográfica® ou não localidade, habitam seus Eus Quânticos e a sintonia com futuros cheios de realização, satisfação, plenitude e alegria inigualável. O Universo é uma só rede de energia, frequência e vibração. Quando Gregg Braden testou o DNA e as emoções semelhantes dos pacientes, a repercussão percebida por um espelhou instantaneamente os efeitos no outro.

Ou seja, DNA e paciente se mostraram interligados, independentemente da distância. A energia e a vibração de um atravessam o espaço-tempo, aparecem e reaparece em outro ponto, sem qualquer dificuldade. Então, pode-se deduzir, a partir da experiência de Braden, que essa conexão significa o aspecto não local do Universo, onde passado, presente e futuro fazem parte da mesma plataforma Quântica, mesmo em momentos descontínuos da realidade e em velocidades diferentes de aceleração.

PROBABILIDADES QUÂNTICAS, REALIDADE IMPREVISÍVEL...

> *"Os objetos são possibilidades Quânticas, que podem ser escolhidas pela consciência. Uma vez entendido esse conceito, é muito fácil saber que é possível escolher a saúde, e não a doença, desde que se aprenda a acessar um estado de consciência onde a escolha Quântica é feita".*
> *- Amit Goswami*

Tudo está interligado e cada um de nós está vivendo apenas uma história de outras realidades, vividas também por nossos infinitos Eus Quânticos no emaranhamento Quântico e tudo está acontecendo ao mesmo tempo. O mais incrível

> Tudo está interligado e cada um de nós está vivendo apenas uma história de outras realidades.

é que todas essas histórias estão disponíveis para serem acessadas por você aqui e agora, em nossa realidade, desde que você deseje isso.

Se são infinitas possibilidades, significa que existe um Eu de você pobre, rico, vivendo em lugares diferentes, com pessoas diferentes, experienciando outras profissões, fazendo outras coisas, casado com outras pessoas, vivendo outros amores, com outra família, sendo pais/mães de outros filhos/filhas, tendo outros tipos de amigos, exercendo outros cargos, em uma outra cidade, com outras profissões, outro sucesso, outros conhecimentos etc.

Sim, isto é real! Duvidar do Emaranhamento Quântico significa dizer que a Física Quântica não existe. Concorda? Sintonizar nossas múltiplas versões já existentes no emaranhamento consiste em desejar e visualizar o seu projeto, antes de ser concretizado. Gosto de usar a frase: viva como se fosse realidade. Para que o Colapso de Onda aconteça, você precisa desejar, ver, sintonizar com o coração. Quando você vive antecipadamente aquela realidade, Emosentizando® seu sonho, esta vibração vai sintonizar tudo o que é preciso e necessário para a sua materialização, transformar pensamento – desejo (onda) em realidade - concretização (partícula).

Quando você vive esta experiência como se fosse realidade, ou seja, antes de ser concretizar, a frequência do seu corpo vai acessar pessoas, eventos, acontecimentos, lugares, situações, contextos, dinheiro, tecnologia... Tudo o que for necessário para materializar. Incrível né? Sabe por quê? Porque seu sonho, meta ou projeto já existe, antes de ser concretizado. E existe em muitos lugares, multiversos, tudo ao mesmo tempo, no Emaranhamento.

Do colapso da função de onda à materialização, nós temos as probabilidades. Para seu sonho se tornar realidade é necessário sincronicidade, uma "Deuscidência". Deve haver, portanto, uma sintonia entre parceiros, pessoas, clientes, fornecedores, empresas, contratos, produtos, lugares, imóveis, propostas, dinheiro, tecnologias, locais etc. O colapso da função de onda é o encontro de eventos e acontecimentos precisos para a materialização. Pois tudo está em Estado de Superposição, pois tudo é feito de átomos, desde que, você tenha uma intenção! Isso mesmo!

O PODER DA INTENÇÃO

Todos os eventos que podem acontecer estão entrelaçados entre si e permanecem em superposição até uma intenção genuína, somada à frequência focada pelo olhar do observador, entrar em contato e provocar o emaranhamento Quântico de ondas de energia e partículas – ou "ação fantasmagórica", segundo Einstein – para promover o colapso de função de onda.

> Todos os eventos que podem acontecer estão entrelaçados entre si e permanecem em superposição até uma intenção genuína.

O ponto essencial que vou ensinar neste livro, em especial, no capítulo seguinte, é que o seu Eu já vive todas as realidades e possibilidades, porque consegue percorrer, em velocidades estrondosas (rápidas). O elétron ou átomo é inconstante, imprevisível e incontrolável. O que existe são apenas Probabilidades Quânticas do seu percurso, a partir do olhar do observador da realidade. Por isso, o contato com ele pode antecipar qualquer futuro e trazer as verdadeiras respostas para seus dilemas. Pois seu Eu do Futuro carrega você em sua Memória Quântica. Essa troca de informações é um fator primordial para o seu sucesso em todas as áreas.

EMISSÕES DE LUZ

> Tudo está conectado, vibra e emite luz.

Tudo está conectado, vibra e emite luz. Você, na sua essência, também é luz em expansão, e por meio da luz que irradia, sintonizará o seu Novo Eu, especialmente quando conseguir acelerar a frequência emocional e liberar a energia total do seu campo, porque seu Eu Duplo está em um tempo totalmente dinâmico do Universo, diferente da realidade 3-D.

Essa realidade futura já existe, é experimentada por seu Eu duplo (Eu Holográfico®) e está em superposição, em realidades paralelas e simultâneas. Portanto, você só precisa sintonizar e estar energeticamente compatível para vivenciar o que deseja, a partir da transferência de informações com o seu Eu Duplo. Como? Principalmente entrando em vibração harmônica, que somente é alcançada através do amor ou seu estado de benevolência. Porque o amor vibra nas alturas e está compatível com as infinitas dimensões da cocriação e com a velocidade do tempo futuro.

O amor é quantificável – algo mencionado no filme *Interestelar*. Entretanto, o que significa ser quantificável? No caso do amor, essa emoção pode ser medida através do pulso eletromagnético do coração. É a emoção com 540 Hertz de potência que se entrelaça com os demais sentimentos elevados do Universo. E quem está na harmonia e vibra amor transcende o espaço-tempo, entra em fase com o Universo, se conecta com o Criador, com os demais seres, pessoas e passa a vibrar na luz da própria criação. Passa, naturalmente, a sintonizar o novo e o melhor futuro, porque flutua energeticamente em velocidades aceleradas, além de acionar a capacidade para transformar sonhos em realidade.

ATIVAÇÃO SINÁPTICA – O DNA É REPROGRAMADO POR VOCÊ

Como tudo está entrelaçado, tudo também pode ser reprogramado e modificado, pois há uma mudança constante em seus padrões de energia e vibração seja de modo artificial ou pela força da mente. E algumas pesquisas inovadoras em biologia molecular e Física Quântica mostram isto: que os genes e o DNA são, de fato, ativados por sinais enviados de fora da membrana celular.

O resultado dessa interferência, por meio da emissão de raios *lasers* modulados por frequências específicas, é poder reprogramar e provocar mudanças profundas no DNA. O mais impressionante ainda é o fato de que os genes e a molécula do DNA também sofrem interferências e transformações surpreendentes através de palavras, sentimentos e frequências – nesse caso, a própria frequência da voz humana.

ENSAIO HOLOGRÁFICO

Ainda sobre esse processo, o cérebro precisa viver o acontecimento futuro. Quando estiver visualizando o resultado desejado, estará criando circuitos neurais que permitirão que o corpo vibre em sintonia com a intenção de contato com seu Eu duplo.

> Quando estiver visualizando o resultado desejado, estará criando circuitos neurais que permitirão que o corpo vibre em sintonia com a intenção de contato com seu Eu duplo.

Eu chamo isso de Ensaio Holográfico, pois, cada vez que um novo pensamento é projetado, provoca uma reação bioquímica no cérebro, produzindo a informação do pensamento que é levada para o organismo. O corpo, ao receber essa química cerebral, apenas cumpre ordens, reproduzindo pensamentos em sensações.

Por exemplo: se você já foi traído, basta pensar nisso que seu corpo sentirá. O sentido inverso também acontece e é muito mais importante para você identificar seu eu gêmeo, que chamo de Eu Holográfico®, e experimentar a realidade sonhada. Assim, em vez de se sentir traído, você pode focar o pensamento e a emoção no encontro com sua alma gêmea ou na experiência de uma relação afetiva saudável, alegre e harmoniosa.

PENSAMENTO NEUROTRANSMISSOR

A química dos pensamentos, com a vibração do seu desejo, é lançada para o corpo pelos neurotransmissores, substâncias químicas produzidas pelos neurônios – as células nervosas do cérebro. Essa interação provoca o que os neurocientistas chamam de biossinalização, que nada mais é do que a corrente elétrica e química de comunicação entre as células, os neurônios e cada componente do cérebro. O que você pensa e produz eletroquimicamente dentro da mente promove, por meio de impulsos Quânticos, estímulos informativos em cada célula, molécula, músculo, órgão e no seu DNA.

É isso que determinará o acesso inicial às aberturas temporais, permitindo que sua energia se torne compatível com a realidade ou futuro alternativo sonhado. Pois tudo é projetado pela mente, organizado pela química do cérebro e suas neuroassociações vibracionais.

Além disso, é preciso destacar o poder supremo da glândula pineal, que abordarei ainda neste capítulo. Pois ela é a antena que capta e transfere vibrações superiores ao seu Novo Eu e armazena registros no presente sobre potenciais futuros para você experimentar.

COERÊNCIA CARDÍACA

O segredo para ativar a vibração original do DNA e assim o seu Eu Holográfico® está na coerência harmônica.

> O segredo para ativar a vibração original do DNA e assim o seu Eu Holográfico® está na coerência harmônica.

(Coração e mente). Esse equilíbrio acessa as camadas mais profundas do inconsciente – que se comunica com a Matriz Holográfica®, atualiza os *softwares* ou programas mentais com as frequências mais esplendorosas do Universo para projetar e materializar a realidade desejada e o futuro preferido do seu Novo Eu.

Essa conexão acontece quando você reduz os ciclos de ondas cerebrais, em fase com a coerência do coração e em harmonia com a energia primária do Universo. Quando você baixa o ciclo de ondas cerebrais que também chamamos de baixa frequência (estado de sonolência), você entra em ressonância harmônica e coerente. Essa é a conexão entre o seu coração e o seu cérebro, que abre os portais do inconsciente.

Uma metáfora ou analogia seria conectar o cabo direto na basem no chacra coronário com o Universo das infinitas possibilidades, no qual todas as realidades que você deseja são possíveis. É nesse momento que suas crenças limitantes são reprogramadas e novas intenções, sonhos, pensamentos e ideias são programados e desejados. Essa é a maneira de fazer o *download* de novas informações, de maneira muito rápida, diretamente da fonte Eu Sou, Eu Superior, Matriz Holográfica®.

ANTENA QUÂNTICA

Para ficar ainda mais claro, no Campo Quântico o cérebro é a antena que capta frequências e todo tipo de faixa vibracional. Ele sempre vai se conectar com padrões de ondas parecidas no Universo – padrões eletromagnéticos que apresentam amplitudes e frequências específicas.

A amplitude é o alcance dessa onda em todo o Universo ou dimensões paralelas. Já a frequência é a repetição do movimento da onda, de seu ciclo por segundo.

CICLO DE ONDA CEREBRAL

O ciclo de onda cerebral é essencial para acessar a Matriz Holográfica® e entrar em fase com o Novo Eu. Tudo está integrado na malha Quântica e por um único campo de energia, independentemente da realidade percebida e observada.

Ao harmonizar todo o seu sistema através do ciclo de onda cerebral de relaxamento profundo, você acessa a mente inconsciente, único modo de interagir com qualquer realidade, evento ou versão sua na existência, seja no passado ou futuro, trocando informações constantes com outras versões da sua personalidade Quântica.

> O ciclo de onda cerebral é essencial para acessar a Matriz Holográfica® e entrar em fase com o Novo Eu.

ESCALA DE ALGUMAS EMOÇÕES COM ENERGIAS VARIADAS

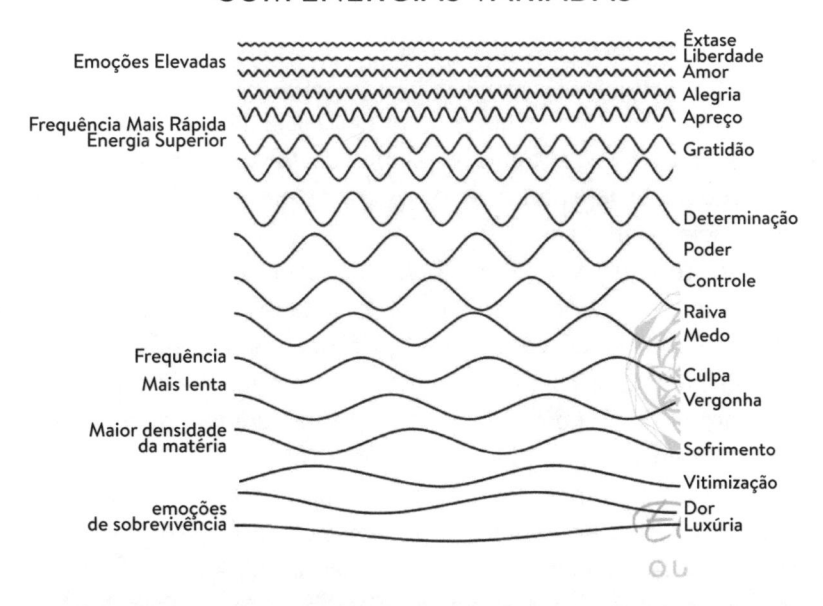

ONDAS DA COCRIAÇÃO

Existem ondas cerebrais compatíveis com a cocriação da realidade e do futuro desejado, pois elas colocam você em um estado mental de profundo relaxamento, calmaria e pacificação interior. Essas ondas estão no ritmo do Universo e na mesma frequência do Criador. Quando você surfa essas ondas, entra em fase com o seu Eu duplo e passa a navegar diretamente na Onda Primordial, na mesma faixa vibracional do Criador e da própria Criação. Três delas se destacam nesse processo: as ondas Gama, Theta e Alfa.

GAMA - ELEVADO ESTADO DE CONSCIÊNCIA

As frequências de onda cerebral Gama são as mais rápidas, portanto consideradas o estado elevado da mente. Estão relacionadas com emoções de alegria, felicidade, compaixão, diversão, entusiasmo. Alguns chamam de experiência transcendental ou pico de euforia. O ritmo gama é um acelerador de partículas para vibrar em alta frequência, acessar o Eu Holográfico® do Futuro e mudar sua consciência.

Um estudo conduzido por Richard Davidson, renomado neurocientista da Universidade de Wisconsin-Madison, descobriu que nossos pensamentos têm impacto consistente em nossas situações diárias. Davidson colaborou com o Dalai Lama do Tibete, que forneceu oito monges budistas (alguns de seus meditadores mais bem-sucedidos) para participar do exame de eletroencefalograma e ressonância magnética.

No teste, cada monge precisava se concentrar em um assunto, como amor, alegria ou felicidade. Os resultados confirmaram que, dependendo de onde você foca sua atenção, mudará fisicamente a existência, localização, direção e o comportamento das partículas subatômicas no cérebro. O eletroencefalograma gravou ondas Gama, extremamente poderosas, no lobo frontal.

Segundo Joe Dispenza, por meditarem a vida toda, os monges dominam a arte da observação, que podemos chamar simplesmente de prestar atenção! Segundo a *The Spirit Science*, fonte dessa pesquisa, nós perdemos nossa atenção dez vezes por segundo, por falta de foco. As subpartículas atômicas não prestam atenção à nossa mente; isso para mim quer dizer que, quanto mais longo for seu tempo de meditação, desejo e foco, mais você aumentará sua capacidade de cocriar.

AGORA, COMO PRODUZIR ONDAS GAMA?

As ondas Gama podem ser produzidas por meio do Ensaio Holográfico Mental. Ao fazer um ensaio do futuro, da sua nova versão, o cérebro irá registrar esse pensamento (futuro potencial), e o lobo frontal irá capturá-lo e ativá-lo eletromagneticamente, registrando seu desejo como real e assim projetando agora a pessoa que você vai se tornar no futuro! De acordo com Joe Dispenza:

> **"Basta SENTIR exatamente o que pensa, e os sentimentos se tornam o meio de pensar. Quando isso ocorre, a mente fica imersa no corpo e você passa a pensar como um corpo e não como uma mente, torna-se seu estado de ser".**

A todo momento, os cinco sentidos estão captando informações e enviando uma onda de dados de volta para o cérebro. Os neurônios no cérebro, em seguida, acionam neurotransmissores, que nos dão emoções e sentimentos com base nos seis sentidos humanos. Tudo que estamos vendo, cheirando, ouvindo, sentindo, tocando e intuindo está criando nossa realidade seguinte.

Está provado que todo pensamento, positivo ou negativo, cria uma reação química dentro do corpo. Porque sentimentos, emoções e sensações são comportamentos, ou seja, experiência, real ou imaginada. Quando focamos nossa consciência a essa emoção gerada pelo pensamento, maior a probabilidade de colapso e materialização futura, seja negativa ou positiva. Se for negativa, mudamos instantaneamente através da introdução de pensamentos novos e positivos, criando sensações positivas, e isso vai alterar a química do corpo.

> Está provado que todo pensamento, positivo ou negativo, cria uma reação química dentro do corpo.

THETA - INTUIÇÃO ATIVA

Oscilam entre as frequências de 4 a 8 Hertz. Estão associadas às emoções, aos sonhos lúcidos, à intuição divina, ao relaxamento e ao inconsciente. Elas abrem a porta para a conexão interior e para sua Memória Akáshica, inconsciente coletivo ou tempo imperceptível, onde está situado seu Eu do Futuro. Quando você acessa essa faixa, não existe mais separação de nada. Você e o Universo são apenas um. Por isso, também entra em fase com a energia primária e se torna apto para cocriar e manifestar em qualquer dimensão da realidade, acessando o seu Eu Holográfico® e qualquer futuro provável e desejado por você.

Você consegue chegar a esse estado pela meditação, por meio das visualizações holográficas quando está acordando ou quase dormindo. Esse é um dos meus segredos para cocriar, pois é o momento específico em que lanço meus sonhos ao Universo e, nessa fase, não há qualquer tipo de resistência entre consciente, inconsciente e Mente Superior para transformar energia em matéria e sonhos em realidade.

ALFA - DIMENSÃO DOS SONHOS

Da mesma maneira, as ondas alfa se mostram mais lentas, com ciclos de 8 a 13 Hertz. Elas também aparecem quando estamos sonolentos, mas ainda nos mantêm em um estado de alerta sem muito esforço, em estado de vigília, mas relaxado, e isso também o empodera e facilita o contato com a Matriz Holográfica® e com o seu Eu Ideal.

Pois a dimensão dos sonhos não está na realidade material, mas no Universo Holográfico, dentro da sua mente, da sua imaginação e da capacidade alterada de concentração, percepção e foco no seu desejo imediato. As ondas Alfa estão ligadas com a paz, com a harmonia e com o estado de tranquilidade que existe quando você está de bem consigo, com as pessoas, com o Universo e o Criador. Diria ainda que elas se manifestam quando você medita, mas de uma maneira mais leve e suave, quase com total consciência.

Por isso, as ondas Alfa promovem a integração entre corpo, mente, espírito, consciência e Universo. Quando todos se tornam um, momentaneamente, e você entra em fase com a matriz para escolher qualquer futuro e trazer para o mundo material as probabilidades mais inspiradoras do seu Eu Ideal, nesse mesmo momento.

A NOVA BIOLOGIA

Essa perspectiva de interação entre ondas cerebrais, Ensaio Holográfico®, corpo, moléculas, DNA e Matriz Holográfica® teria uma estreita relação com a nova biologia das crenças. Joe Dispenza ressalva sobre o perigo de entrar em "ciclo vicioso", pois o não rompimento desse ciclo automático faz com que os resultados nunca cheguem.

O problema é o programa automático e viciado na mente inconsciente, que se forma para lembrar o que existe entre mente e corpo, emoções e pensamentos, crenças, condicionamentos e a criação da realidade. Se você não desconstruir o padrão das respostas da mente e o modo como encara a vida ou compreende a realidade, nunca ou jamais conseguirá alterar os resultados na vida e projetar um novo futuro promissor no atual presente.

Assim você estará como a maioria das pessoas lá fora, preso a condicionamentos mentais que remetem a fatos internalizados, memórias vibracionais armazenadas nas células, nas moléculas, no DNA, nas conexões da mente e em todo o campo relacional individual. Essa constatação sugere que tudo fica armazenado dentro de si. Tudo se repetindo o tempo todo. Os pensamentos são reproduzidos e os comportamentos ou hábitos se reconhecem.

Como resultado iminente, o mundo gira, progride e você permanece estagnado. Criando hoje o que você foi ontem, repetindo o filme todos os dias. Pois temos 70 mil pensamentos em um dia, 95% são exatamente iguais aos que tivemos no dia anterior. Isso quer dizer que hoje você criou 95% do que você foi ontem, tudo igual. Sem mudar essa perspectiva, permanecemos no mesmo ciclo de comportamentos, crenças e na frequência da apatia, baixa, menor do que 100 Hertz.

Para mudar os resultados e, consequentemente, a biologia do corpo, você deverá mudar a qualidade dos seus pensamentos. Isso também modifica as respostas emocionais e a vibração emitida pelo seu campo eletromagnético,

> Para mudar os resultados e, consequentemente, a biologia do corpo, você deverá mudar a qualidade dos seus pensamentos.

começando pela luz irradiada pelas células e pelo DNA. A mudança de percepção da realidade também traz mudanças significativas em toda a neuroplasticidade do cérebro, gerando novas conexões, sinapses e vibrações por toda a rede de comunicação cerebral. Pensamentos positivos, por exemplo, geram hormônios poderosos como serotonina, oxitocina, dopamina e endorfina.

Essa química é produzida dentro dos neurônios e espalhada por toda a corrente elétrica e pelas ondas cerebrais. Com isso, toda a máquina da mente ou do cérebro – formada por 75% de água e 100 milhões de células nervosas, em plena conexão sináptica, como um biocomputador Quântico – fica inundada por energia do bem e isso é transferido, automaticamente, para o resto do corpo.

Como consequência, o Campo Quântico individual também é afetado de modo positivo e, em resposta, isso gera uma vibração elevada, em geral superior a 500 Hertz, que é a frequência média do Universo, compatível com sentimentos como amor, alegria e gratidão, segundo o que nos ensina a Tabela Hawkins.

Ao liberar tantos hormônios de satisfação no cérebro, partindo de um único pensamento, você afeta a eletricidade das células, moléculas, DNA e Campo Quântico – coloca-se em posição privilegiada no Universo para entrar em sintonia com a Matriz Holográfica®, provocando o colapso de função de onda e a cocriação acelerada de qualquer sonho ou desejo.

PROGRAMADOR DO DESTINO

A conexão do DNA com o Campo Quântico, por meio da produção de proteínas celulares e da criação de neurônios organizados e construídos especificamente para a cocriação do desejo demora, em média, 72 horas para acordar e alcançar uma conexão com outros neurônios – eles estão formando uma antena para emitir sinal ao Campo Quântico.

Por isso, eu indico que repita qualquer técnica por pelo menos três dias seguidos. Pratique sempre oito minutos consecutivos de técnica, pois qualquer meditação, visualização holográfica e criativa, ou programação funciona melhor se fizer durante oito minutos, que é o tempo médio para baixar o ciclo de onda cerebral e entrar em onda coerente – coerência cardíaca perfeita para cocriação da realidade e do futuro desejado.

O cérebro, por meio da conexão neural com o Universo holográfico, a partir da frequência emitida pelo DNA,

> Por isso, eu indico que repita qualquer técnica por pelo menos três dias seguidos. Pratique sempre oito minutos consecutivos de técnica, pois qualquer meditação, visualização holográfica e criativa.

moléculas e células, leva, em média, três dias, de acordo com os pesquisadores, para decodificar, interpretar a informação Quântica e vibrátil de cada sonho e, propriamente, entrar em fase e se conectar com a vibração do seu desejo no Universo de infinitas possibilidades.

EXPERIÊNCIA CURANDEIRA

Assim, o DNA é reprogramável e sofre influência decisiva das emoções e dos pensamentos internalizados, por cada um de nós, até o núcleo das células e das moléculas.

No livro *Quebrando o hábito de ser você mesmo*, Dispenza cita a experiência do Dr. Glen Rein, biólogo celular que atua no *HeartMath* Research Center, na Califórnia. O pesquisador pediu a curandeiros para segurarem provetas com DNA em suas mãos. O pedido foi possível porque o DNA, conforme se observou no relato do experimento, é mais estável do que células, culturas bacterianas ou outras substâncias.

Ciclo das Emoções

Emoções positivas sempre estão em ascensão até atingir um estado de pura euforia ou satisfação. Nesse estado, você eleva a vibração do campo e o próprio batimento cardíaco. Mas quando suas emoções estão em declínio, essa mesma coerência fica desalinhada a partir de emoções negativas, de baixa vibração, o que dificulta muito a sua ascensão vibracional até o paraíso da cocriação em fase com seu Eu Ideal.

> Emoções positivas sempre estão em ascensão até atingir um estado de pura euforia ou satisfação.

Além de identificar alterações no padrão vibracional do DNA, o experimento com os curandeiros mostrou que existe uma ligação específica entre os estados emocionais e o ritmo cardíaco identificado de cada pessoa testada. Porque os pesquisadores notaram que emoções negativas – como raiva, tristeza, medo ou ansiedade – deixam o ritmo e os batimentos cardíacos irregulares e desajustados.

No caso das emoções positivas, o efeito é plenamente reverso, pois o ritmo cardíaco permanece organizado, coerente e regular. Essa interação entre emoções e pensamentos, ou mente e coração, é classificada pelos cientistas como coerência cardíaca – termo já contextualizado anteriormente neste livro.

Os exames de eletrocardiograma demonstram exatamente isso ao comparar a frequência entre uma onda emocional de caos e outra de coerência cardíaca. Perceba o desequilíbrio da frequência. Isso é só uma representação gráfica, porém, a coerência ou incoerência cardíaca entre cérebro e coração pode, de fato, causar grandes modificações em todo o seu sistema, alterar a dinâmica das células e o campo informacional do DNA, interferindo diretamente na sintonia com seus desejos e o seu duplo na Matriz Quântica.

Nessa experiência, Dr. Rein estudou em primeiro lugar um grupo de dez indivíduos, que receberam formação para utilizar as técnicas ensinadas no *HeartMath*, destinadas a criar coerência centrada no coração. As técnicas foram aplicadas para produzir sentimentos fortes e elevados, como o amor e a auto estima, e depois, seguraram durante dois minutos em ampolas que continham amostras de DNA suspensas em água desmineralizada. Quando essas amostras foram analisadas, não havia registro de quaisquer alterações significativas.

Um segundo grupo de participantes, também com formação, fez a mesma coisa, mas, em vez de criar só emoções positivas (um sentimento) de amor e a autoestima, concentraram-se em simultâneo numa intenção (um pensamento) para enrolar ou desenrolar as fitas de DNA. Este grupo produziu alterações significativas em termos estatísticos na configuração (a forma) das amostras de DNA.

Em alguns casos, o DNA foi enrolado ou desenrolado até 25%! Um terceiro grupo de participantes, igualmente com formação, concentrou-se na intenção de alterar o DNA, mas recebeu instruções para não entrar em qualquer estado emocional positivo. Por outras palavras, estavam a utilizar apenas o pensamento (a intenção) para afetar a matéria. Qual foi o resultado?

Nenhuma alteração nas amostras de DNA. O estado emocional positivo em que o primeiro grupo entrou, por si só, não teve qualquer efeito sobre o DNA. O pensamento intencional claramente orientado, sem nenhuma emoção a acompanhá-lo, também não teve qualquer impacto. Só quando se concentraram em alinhar emoções elevadas e objetivos claros é que os participantes foram capazes de produzir o efeito desejado.

O experimento mostrou que, para mudar a estrutura informacional e vibracional do DNA, ou de qualquer célula, antes de tudo, é preciso alcançar a coerência cardíaca – que é o estado de equilíbrio entre o cérebro e o coração. Assim, a reprogramação acontece, conscientemente, quando se alcança um estado emocional elevado e de pacificação interior.

Sem isso, é impossível ativar o poder de luz do DNA, acordar os genes multidimensionais e acionar a totalidade das doze fitas da molécula, com parte delas ainda adormecidas. Além disso, todo pensamento precisa de um ativador, que é o sentimento, logo, a Frequência Vibracional®.

Tudo para que coração e mente funcionem juntos. Quando estamos em coerência harmônica, sentimentos, pensamentos e ações estão unificados ao Eu Holográfico® Ideal, a versão ideal do que você está se tornando, já identificada em alguma fase de tempo e velocidade de transformação no Universo holográfico.

> Tudo para que coração e mente funcionem juntos.

Quando você entra nesse estado mental que chamo de Emosentizar® seu sonho – que você aprenderá com a Ativação Emosentizar Hertz® e que integra as bases de poder do método Salto Duplo Quantum® – por meio das ondas coerentes, consegue enrolar e desenrolar fitas do DNA em dois minutos.

Costumo dizer que oito minutos é nossa média, por isso, se estiver focado Emosentizando® seu sonho, você poderá criar qualquer realidade e sintonizar o melhor futuro alternativo para agora. Minha conclusão é exatamente isso que está pensando. Sem a coerência cardíaca, não há mudança vibracional, Reprogramação Informacional® ou qualquer ativação plena dos poderes extrassensoriais e infinitos contidos no DNA.

O que tudo isso significa? Que nossos estados emocionais e mentais determinam a vibração nuclear do DNA e das células. Nossas emoções também comandam a frequência enviada ao Universo pelo campo relacional, provocando a integração energética com a fonte Criadora no processo de cocriação e acesso ao futuro alternativo eleito pelo seu Novo Eu Quântico.

ELÉTRICO E MAGNÉTICO

Já aprendemos aqui que o cérebro é elétrico e o coração é magnético. O corpo gera eletromagnetismo. Você só envia sinal e vibra em ressonância com seus sonhos quando sintoniza o seu Eu do Futuro, imaginando que isso está acontecendo agora. E quando você pensa, sente e age na mesma frequência harmônica produz eletromagnetismo.

É assim que se cria a Assinatura Vibracional® no Universo e o campo ressonante para manifestar a realidade desejada e ativar o verdadeiro Eu Holográfico® do Futuro.

ÉTER DAS CÉLULAS

A consciência humana tem essa capacidade inata para falar, controlar, criar sinergia e ajustar a vibração original da molécula da vida, especialmente para elevar a frequência até faixas compatíveis com a cocriação no Universo. Isto é possível porque a energia nuclear das suas células e do seu DNA é também a energia do seu corpo. As experiências de Gregg Braden com DNA e placenta humana demonstraram esse poder.

O cientista norte-americano demonstrou que a frequência contida em cada célula pode ser acionada a qualquer momento, sem a interferência do espaço-tempo.

Essa energia não é afetada pela não localidade. Ela é o éter divino, que vibra em cada célula do seu corpo e no interior do seu DNA. Pois não é uma forma de energia localizada, mas é uma energia que existe em todas as partes, em todos os tempos, em todos os lugares, ao mesmo tempo, onde se manifesta livremente o seu Eu Holográfico®. E isso comprova por que tudo está conectado e o motivo de o nosso DNA ter a possibilidade de ser alterado com a força vibracional da consciência Quântica.

> A consciência humana tem essa capacidade inata para falar, controlar, criar sinergia e ajustar a vibração original da molécula da vida.

SUA FREQUÊNCIA CODIFICADA

Tudo isso nos leva a aceitar o fato de que o DNA pode ser influenciado por palavras (voz interior) emitidas pela mente, comandos de voz, pensamentos e emoções, conforme aprendeu até aqui, e volto a mencionar para que grave essa informação tão poderosa na sua mente.

Com base nesses experimentos, é possível constatar que várias técnicas – a exemplo da Técnica Hertz® –, mantras, decretos, códigos, comandos, orações, práticas de hipnose, pensamentos, emoções, afirmações e visualizações holográficas, canalizadas para o interior das células e do próprio DNA, desde que alinhadas harmonicamente, são eficazes no processo de reprogramação vibracional e informacional.

Mais do que isso, você tem habilidades naturais para modificar os programas gravados nas suas moléculas e ativar as propriedades superiores do seu DNA universal. manifestando livremente qualquer desejo e realidade Quântica no Universo.

> Você tem habilidades naturais para modificar os programas gravados nas suas moléculas e ativar as propriedades superiores do seu DNA universal.

NOVA ORDEM: O QUE ESTÁ FORA, ESTÁ DENTRO!

Quem programa o seu DNA é você, com sua consciência e sua mente. O experimento dos russos comprovou que, sim, é possível reprogramar toda a sua vida interior. Para isso, basta adequar as frequências da nossa linguagem verbal e das imagens geradas pelo nosso pensamento. Feito isso, o DNA se reprogramará, aceitando uma nova ordem e uma nova regra, a partir da ideia transmitida.

O processo acontece quando o DNA recebe informações (Reprogramação Informacional®) das palavras e das imagens transmitidas em ondas gravitacionais do pensamento, transmitindo-as para as células e moléculas do nosso corpo, que passam a ser comandadas segundo o novo padrão vibracional emitido pelo próprio DNA.

Então, o que está em sua mente está atrelado ao Universo. E o que vibra no seu DNA está em ressonância vibracional com o cosmos, com seu Novo Eu, futuros alternativos e realidades infinitas.

FREQUÊNCIA DA COCRIAÇÃO

A frequência dirigida ao DNA, ao Campo Quântico de energia e ao Universo determinará a cocriação da realidade e a materialização dos seus sonhos que começa no núcleo do seu DNA.

> A cocriação e a sintonia com o Eu do Futuro está nas emoções mais elevadas, como amor, gratidão e alegria.

A cocriação e a sintonia com o Eu do Futuro está nas emoções mais elevadas, como amor, gratidão e alegria. Esse é o segredo máximo e totalmente compatível com seus sonhos. O Universo é regido pela sinfonia da alegria, que vibra em uma voltagem superior a 500 Hertz. Alegria, gratidão e amor farão você expandir sua consciência, ampliar a sua Frequência Vibracional® e entrar no compasso do Universo.

A alegria é contagiante e Deus é uma ideia de felicidade e de amor incondicional. Esse é o estado perfeito para entrar em fase com suas melhores versões e com a realidade que deseja experimentar ainda hoje. A vibração da alegria, especialmente, permite transitar, como onda gravitacional, em todas as melhores e mais incríveis correntes de energia do Universo, na onda da abundância, da plenitude, da satisfação e da harmonia com seu Duplo Quântico.

Já a harmonia é a frequência do Novo Eu. Você se torna o dono da sua vida, o cocriador da sua realidade. Quando seu coração entra em coerência cardíaca com as ondas da sua mente, nada mais pode impedir a cocriação e materialização de seus sonhos e desejos. Por isso, se você ainda está vibrando em frequências de depressão, tristeza, ansiedade, raiva, culpa, dor e sofrimento, há uma barreira criada por você mesmo a partir das suas crenças limitantes.

Emoções negativas geram ondas cerebrais incompatíveis com a cocriação e um Campo Quântico inerte e repelente, de baixa vibração, menor do que 100 Hertz, sem qualquer ressonância com o melhor futuro que deseja. A frequência para cocriar o Eu do Futuro está na satisfação que leva dentro de si, no amor incondicional, na alegria, no prazer pela vida, na sua nova Consciência Quântica, de plena prosperidade, riqueza infinita e possibilidades ilimitadas.

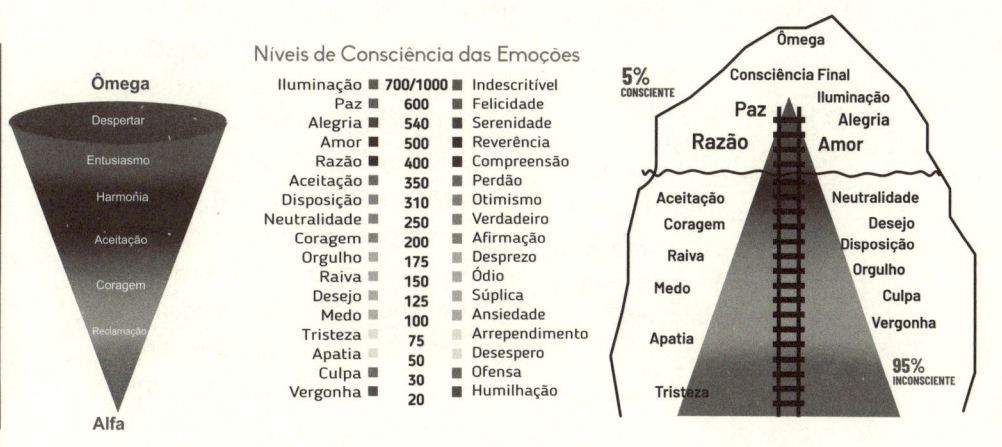

CICLOS DO SONO

Para a ciência convencional, a glândula pineal é conhecida como conarium, epífise cerebral ou simplesmente pineal e está localizada na região central do cérebro. Essa glândula produz, na ausência de luz, a melatonina, hormônio derivado da serotonina, responsável pela regulagem do sono. Além disso, a pineal também está diretamente relacionada à regulação do metabolismo, seja nos períodos de descanso ou nos de atividades plenas.

Ciclos do Sono

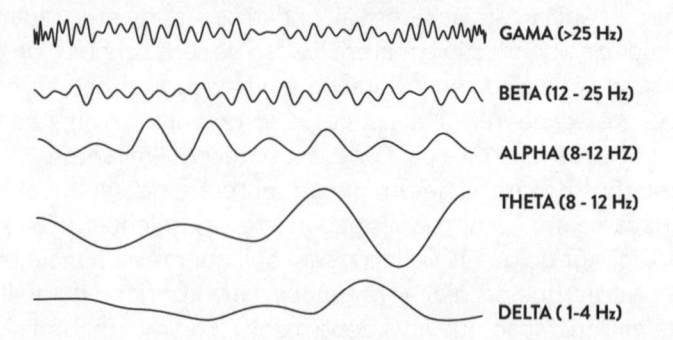

GAMA (>25 Hz)

BETA (12 - 25 Hz)

ALPHA (8-12 HZ)

THETA (8 - 12 Hz)

DELTA (1-4 Hz)

Algumas pesquisas mostram que existe ainda uma relação entre a melatonina produzida pela Glândula Pineal e o aspecto da saúde cardiovascular. As evidências sugerem o impacto positivo do hormônio no coração, adequando o ritmo e os níveis de pressão sanguínea no corpo.

> O coração é fundamental no processo da cocriação da realidade e para alcançar estados emocionais e energéticos mais harmônicos e plenos em sua manifestação nesse plano.

Conforme você aprendeu neste capítulo e em trechos anteriores do livro, o coração é fundamental no processo da cocriação da realidade e para alcançar estados emocionais e energéticos mais harmônicos e plenos em sua manifestação nesse plano, em contato com tempos diferentes de percepção extrassensorial na Matriz Quântica® com seu Eu Holográfico® do Futuro.

ATIVAÇÃO NATURAL

No caso da Pineal, a glândula do terceiro olho e da visão extradimensional, essa ativação natural ocorre por meio de práticas de meditação, alta concentração mental, como áudios de reprogramação mental e vibracional, ação de frequências específicas, como no caso das ondas Gama, Theta e Alfa.

Assim como minhas técnicas, visualizações holográficas, entre outras, criadas com frequências Hertz específicas para expandir a mente. O método correto ativa, expande, abre a conexão com o Eu Superior e sua dimensionalidade. Além da liberação hormonal e química, pesquisas sugerem que a Glândula Pineal esteja ligada ao chacra coronário e à sua vibração superior de 963 Hertz.

Por isso, quando ativada, reconecta com sua frequência de origem Eu Sou. É nesse momento que o duplo Quântico, seu Eu Holográfico®, começa a interagir com suas infinitas potencialidades, produzindo a sintonia necessária para trazer as respostas dos seus pedidos e a realização de seus desejos futuros.

PINEAL - OS OLHOS DA ALMA

Com a ativação da Pineal, você consegue perceber e ver, com os olhos da alma, o que antes não enxergava. Isso, como consequência, melhora sua interação multidimensional com seu duplo, em qualquer tempo percebido ou não, a percepção extrafísica de vibrações diferentes das suas amplia sua capacidade intelectiva, extrassensorial e mediúnica, ativando, inclusive, a vibração elementar do DNA e de suas células vibrantes para potencializar, significativamente, o poder da cocriação de sonhos e desejos em sua vida.

> A Pineal também influencia em seu estado de humor, e isso é fundamental saber.

A Pineal também influencia em seu estado de humor, e isso é fundamental saber. Outro hormônio liberado pela glândula é a serotonina. Para quem não sabe, a serotonina é conhecida também como o hormônio da alegria, emoção essencial no processo de cocriação da realidade, como já vimos. Essa sintonia é compatível com a frequência do Universo e da Matriz Holográfica®, ainda mais quando você estimula a frequência do seu Campo Quântico, com a abertura do chacra coronário.

A Pineal é, portanto, a ponte de conexão com seu Duplo Quântico e com os futuros alternativos que pretende manifestar. Ela ajuda nessa conexão porque também é fundamental para regular os ciclos do sono, por meio da liberação de melatonina, talvez o hormônio mais essencial de todos para você regular essa função do corpo.

E o sono, conforme vou ensinar no método para entrar em contato com seu Duplo Quântico no capítulo seguinte, é um dispositivo poderoso para acessar realidades e futuros alternativos compatíveis com os desejos que pretende materializar neste plano.

RECEPTOR HOLOGRÁFICO

Nas pesquisas sobre a Pineal, por meio de equipamentos de tomografia computadorizada é possível comprovar a calcificação da glândula. A calcificação formou cristais de apatita dentro da Pineal, os quais têm relação com um poderoso sistema ou dispositivo biológico e biofísico apropriado para receber ondas eletromagnéticas no Universo.

Ou seja, a Glândula Pineal é um receptor holográfico de sintonias extradimensionais, que pode captar frequências mais sutis no Universo e facilitar o contato com realidades e seres, inclusive com a sua melhor versão na Matriz Quântica, com seu Eu Holográfico®. E o mais incrível é que a técnica que vou ensinar no final deste capítulo vai ativar sua pineal. O cristal, depositado no interior da Pineal, funciona como uma antena cósmica para sintonizar o seu Duplo Quântico e todos os futuros que deseja SER e cocriar!

CHACRA PINEAL

A Glândula Pineal, quando ativada, está estritamente conectada ao chacra coronário, como mencionei, e isso implica, naturalmente, a ativação de vibração muito elevada dentro do DNA Cósmico, inclusive com liberação de oxitocina, pois está ligada a emoções como amor e carinho, características da onda Gama.

O chacra coronário possui uma vibração de 963 Hertz. A Glândula Pineal está localizada na sede desse chacra e, quando ativada, libera endorfina e serotonina, cuja resposta é a produção do sentimento de alegria e vibrações acima de 500 Hertz.

O desbloqueio vibracional da Glândula Pineal, somado à vibração superior dos chacras, expande sua consciência, integrando à sua capacidade para Emosentizar® seus sonhos. Isso modifica as camadas do DNA (biológica, celular e emocional), o que libera o fluxo de energia da Glândula Pineal e ativa a vibração original do chacra coronário, bem como pode acionar a frequência de luz do DNA Quântico.

> O desbloqueio vibracional da Glândula Pineal, somado à vibração superior dos chacras, expande sua consciência, integrando à sua capacidade para Emosentizar® seus sonhos.

Você se unifica com a Matriz Holográfica®, entra em fase com o Universo e com o Vácuo Quântico para manifestar, livremente, sua emoção, suas intenções, seus pensamentos, sua imaginação, sua visualização e suas atitudes congruentes, todos os seus desejos mais intensos. Desejos esses que vibram em sua alma e iluminam a sua consciência Quântica, entram em ressonância sintonizando o melhor futuro potencial das infinitas probabilidades Quânticas em superposição aguardando você vibrar!

Diria, com toda convicção, que a pineal é o nosso instrumento biológico de comunicação com seres e dimensões mais avançadas pois mantém a conexão direta com realidades paralelas e com todos os nossos Duplos Quânticos. Ela também libera o fluxo dos 22 chacras elementares e cósmicos, tanto no corpo físico quanto em dimensões paralelas, no mundo energético, cósmico e espiritual.

Logo, ela opera como o portal Quântico para receber a energia da matriz em alta frequência, o que possibilita impulsionar a rotação original de cada chacra ou vórtice de energia e elevar toda a potência do Campo Quântico, na mesma vibração do Universo e de suas versões Quânticas mais poderosas.

Essa energia de alta intensidade é uma Frequência Vibracional®. Pode ser sentimentos de escassez, rejeição, intenção e desejos, desde que estejam em coerência cardíaca. Se sua frequência estiver em modo sobrevivência (comer, pagar aluguel, dormir...), nesse estado consciente, com alta taxa de produção de cortisol e adrenalina, a informação que você está enviando é de escassez, medo, dúvida, insegurança, pobreza e falta.

O campo precisará transformar tudo isso em energia, o que faz com que o campo eletromagnético diminua (contração/força), pois

ESCALA DE ALGUMAS EMOÇÕES
COM ENERGIAS VARIADAS

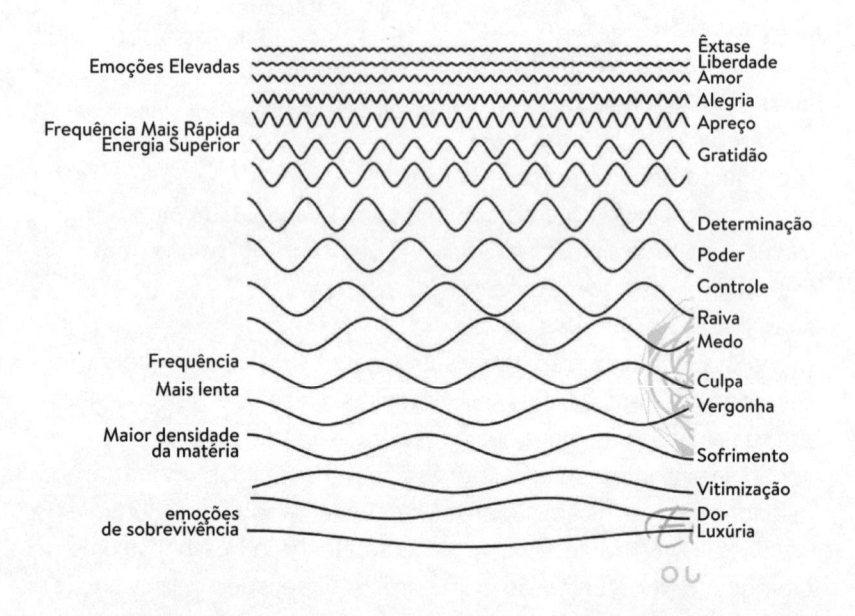

Quando você vibra em frequências positivas, envia novas informações para sua mente e aumenta o campo de energia, construindo um campo de força maior.

produz mais massa (denso, pesado, "negativo"), ou seja, reduz a luz (fótons), a energia e aumenta a massa. É como se, ao seu redor, houvesse uma camada densa, pesada, em que tudo dá errado, e é preciso muito esforço para algo dar certo.

A presença de muita massa (partícula densa – emoções negativas) diminui o campo de luz e situações ruins começam a acontecer. Quando você vibra em frequências positivas, envia novas informações para sua mente e aumenta o campo de energia, construindo um campo de força maior (partículas de luz). Quando volta a emitir energia, vibração e informação positiva, você emite mais luz, cria mais energia e, consequentemente, mais acontecimentos positivos (poder/emoções elevadas). Se você vibra em frequências baixas, criadas pela energia do medo, as informações emanadas a partir desse Campo Quântico são baixas (força/emoções de sobrevivência). Logo, diminui a luz (fótons) de seu campo eletromagnético e mais eventos dessa natureza serão criados.

Isso aconteceu comigo no passado, porque pensava positivamente todos os dias, mas minha energia criava frequência negativa, pois era codificada pela soma de minhas informações. Eu pensava positivo (Espiral Ascendente), mas vibrava negativo (Espiral Descendente). Pensava em riqueza, mas sentia e agia com medo e pobreza. Desse modo, meu campo eletromagnético bloqueava a energia vital, ficando mais denso e reproduzindo cada vez mais problemas em minha vida. Aí vem aquela sensação de que tudo piora, ainda que você acredite que pensa positivo. O problema é que está vibrando 99,9999999% negativo!

Nossas células se comunicam com o nosso corpo por meio dessas informações (o que vibramos), ou seja, a soma de tudo que pensamos, falamos e sentimos. A maneira como agimos, nos comportamos, reclamamos, agradecemos, julgamos, brigamos, nos alegramos... Tudo isso emite um sinal que é captado pelo campo e devolve mais luz, fótons ou sombra. Tudo depende da informação, da energia e da frequência que é codificada.

Vamos rever o conceito para entrar no estudo sobre o Duplo Quântico. A matéria é energia, tudo no Universo é onda e partícula, logo, nós também, pois somos em última instância apenas energia.

O cientista Jean-Pierre Garnier Malet afirma que todos temos um Duplo Quântico, como estamos aprendendo desde o início, que é a nossa versão invisível (Kardec chamou de perispírito – matriz fiel do corpo em seu formato astral e inconsciente) com a qual não sabemos nos comunicar, embora o façamos durante o sonho paradoxal.

Em Física, chamamos de Emaranhamento Quântico, quando duas partículas agem uma com a outra como se fossem gêmeas (capacidades telepáticas – o que acontece com uma acontece com a outra simultaneamente). O Eu Holográfico® é nossa versão de energia que viaja por aberturas temporais e pode nos ajudar a tomar decisões e resolver tudo que precisarmos, como cocriar a realidade etc. Nosso duplo visita vários futuros prováveis (potenciais) e pode aconselhar (ajudar) sobre as decisões a tomar agora, ou seja, escolher no presente (agora) qual o melhor futuro para experimentarmos.

No capítulo seguinte, vou explicar, em quatro partes, os princípios da cocriação da realidade para sintonizar o Eu Holográfico® e também vou ensinar a prática do Método Salto Duplo Quantum®, com as 10 Leis (Passos) para acessar o Eu do Futuro e mudar o destino da sua vida.

Você vai aprender a se comunicar e contactar o seu Eu do Futuro, fazer seus pedidos de maneira congruente, entender quem realmente é o seu Eu Holográfico® e como se desdobrar quanticamente pelas aberturas temporais holográficas, para experimentar futuros alternativos extraordinários. Tudo isso será apresentado a partir de conceitos e práticas relacionados à Física Quântica e princípios da Cocriação da Realidade, de modo totalmente harmônico e sinérgico.

Portanto, prepare-se para o verdadeiro Salto Quântico da sua consciência cósmica e para subir no foguete que o levará, aceleradamente, através do túnel do tempo até a dimensão do seu duplo Quântico e de todos os seus sonhos.

Chegou o momento, pois, para praticar o método, você precisa liberar a potência vibracional da Glândula Pineal que abrirá as portas da Matriz Holográfica®, em alta voltagem, para você cruzar as dimensões do espaço-tempo, até a manifestação dos futuros potenciais infinitos e alternativos para você experimentar no momento presente.

TÉCNICA DE ATIVAÇÃO SUPERIOR PINEAL DNA HEALING®

Ativação de luz da Glândula Pineal e uma frequência superior a 1.000 Hertz, que faz a conexão vibracional imediata com o Eu do Futuro no espaço holográfico da não localidade.

Você pode acessar a técnica completa a partir do QR code:

CAPÍTULO 6

MÉTODO DE ATIVAÇÃO

SALTO DUPLO QUANTUM®

Neste capítulo, você vai aprender o método Salto Duplo Quantum® e as 10 Leis, passo a passo, para acessar seu Eu do Futuro e mudar o destino da sua vida. A essência deste capítulo, dividido em quatro partes, é ensinar os princípios da Cocriação Quântica com base em fundamentos da Física Quântica, da Neurociência, da Frequência Vibracional®, das Leis do Universo e da Espiritualidade.

Na primeira parte, vamos recapitular conceitos práticos e teóricos, para assimilar a essência do DNA da Cocriação®. Na segunda parte, você vai aprender a sintonizar seu Novo Eu e a cocriação desdobrada no tempo, de modo simples e fácil, com conceitos aplicáveis em sua vida cotidiana para manifestar desejos e assumir as rédeas do próprio destino.

Na terceira parte, você vivenciará a experiência holográfica que desenvolvi para ajudá-lo a cocriar um novo você. Para isso, explico cada passo do processo da cocriação. A Ativação Emosentizar® Hertz colocará você em sintonia com o Eu do Futuro e o preparará para praticar o método Salto Duplo Quantum®. Na quarta parte vou ensinar as 10 Leis do Desdobramento Quântico para saltar no tempo e cocriar futuros potenciais e faremos a Técnica, juntos. Todas essas ferramentas vão alinhar coração, cérebro e corpo, estimulando o que eu chamo de Meditações de Centros de Energia.

Parte I – Conceito, Teoria, Explicação do Duplo Quântico
Parte II – Método de ativação
Parte III – Eu do Futuro
Parte IV – Método Salto Duplo Quantum®

PARTE I - CONCEITO, TEORIA, EXPLICAÇÃO DO DUPLO QUÂNTICO

DNA DA COCRIAÇÃO® PARA SINTONIZAR O EU HOLOGRÁFICO®

Aqui você vai aprender a sintonizar sua nova versão. O Salto Duplo Quântico® para que o seu Eu Holográfico® comece agora! Vamos iniciar pela expansão do seu campo, que é puro potencial infinito. Toda essa vibração infinita é uma Frequência Vibracional® que vai tomar forma de acordo com a que estamos emanando.

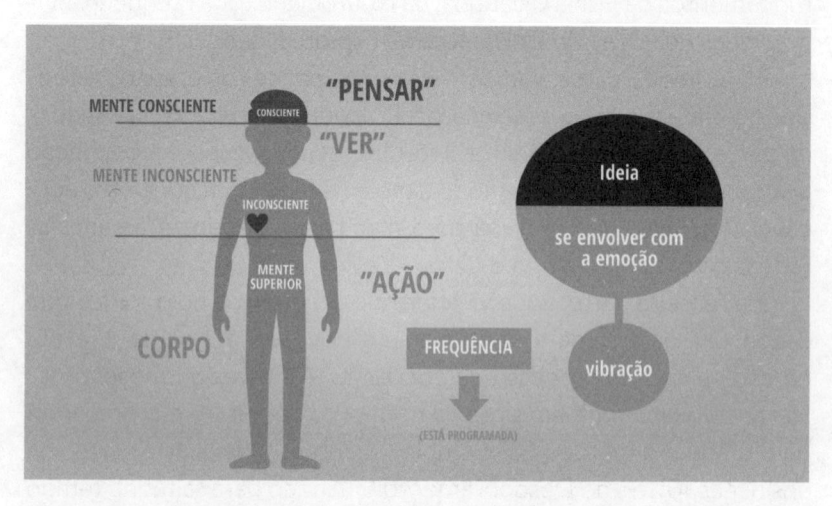

A frequência no campo eletromagnético de que falamos até aqui será a base para seu novo nível de cocriação da realidade. Pois você aprendeu que ele é criado a partir de suas emoções de alta frequência.

TEORIA DO DESDOBRAMENTO DO TEMPO POR JEAN-PIERRE GARNIER MALET

Agora vamos começar a entender a Teoria do Desdobramento pela visão de Jean-Pierre Garnier Malet e depois como decodifiquei e compilei todos esses conceitos aos meus estudos, às pesquisas e às teorias para cocriação da realidade.

Jean-Pierre Garnier Malet surpreendeu a comunidade científica ao publicar um relatório para a Academia das Ciências de Paris. Em 1988, ele fez uma descoberta surpreendente sobre as propriedades do tempo. Publicada de 1998 até 2006, sua Teoria do Desdobramento do Tempo traz muitas novidades científicas. Sobretudo, permite explicar o mecanismo da vida de nossos pensamentos e como utilizar melhor intuições, instintos e premonições que esse desdobramento coloca à nossa disposição a todo instante.

Acompanhe parte da entrevista com Jean-Pierre Garnier Malet, responsável pela teoria das aberturas temporais.* A respeitada revista *American Institute of Physics of New York* e sua comissão científica validaram a teoria ao publicá-la em 2006, pois sua tese permitiu explicar a chegada dos planetoides ao nosso Sistema Solar. Fiz questão de mostrar para que você tenha acesso a respostas vindas diretamente dele, que foi meu treinador. Confira:

> **American Institute of Physics of New York –** *Sua teoria é apoiada pela Ciência. Você quer explicar o que é a Lei do Desdobramento de Tempo?*

Jean-Pierre Garnier Malet – *Temos dois momentos diferentes ao mesmo tempo: um segundo em um momento consciente e bilhões de segundos em outro tempo imperceptível quando podemos fazer coisas cuja experiência logo passamos ao tempo consciente.*

AIP – Então, assim funciona o tempo?

Malet – *Sim, em cada momento presente, eu tenho um tempo imperceptível no qual crio um potencial futuro, memorizo e executo no*

---

* O desdobramento do tempo. Publicado por Hugo Lechuga Arteiro. Tradução de Vilma Capuano. [S.l.: s.n.], 28 jul. 2016. Facebook: Mensagens Canalizadas. Disponível em: https://www.facebook.com/MensagensCanalizadas/photos/a.448743398509832/1184111978306300/?type=3. Acesso em: 18 maio 2020.

meu tempo real. Temos a sensação de perceber um tempo contínuo. No entanto, como demonstram o diagnóstico por imagens no nosso cérebro, apenas imagens intermitentes são impressas. Entre dois momentos perceptíveis, há sempre um momento imperceptível.

AIP – Nós fabricamos possibilidades por meio de nosso pensamento?

Malet – *Assim é. Se eu pensar em uma catástrofe, por exemplo, a energia potencial é parte do futuro e você ou outro pode sofrer. Portanto, a conclusão é: "Não pense em fazer aos outros o que não gostaria que os outros pensassem em fazer com você".*

AIP – Nosso outro Eu Quântico cria a nossa realidade?

Malet – *Podemos dizer que entre o Eu Consciente e o Eu Quântico se dá uma troca de informações que nos permite antecipar o presente pela memória do futuro. Na Física, esse fenômeno é chamado Hiperincursão e é perfeitamente demonstrado.*

Quanto mais somos manipulados a sentir emoções negativas por notícias ou imagens de eventos reais, ou não, mais geramos o próprio medo e irradiamos para a Terra. O Desdobramento do Tempo tem sido cientificamente comprovado e a teoria tem dado justificações a escalas de partículas e do Sistema Solar.

> Quanto mais somos manipulados a sentir emoções negativas por notícias ou imagens de eventos reais, ou não, mais geramos o próprio medo e irradiamos para a Terra.

O fenômeno do Desdobramento do Tempo demonstra que o homem vive no tempo real e no tempo Quântico, este último um tempo imperceptível, com vários estados possíveis: memoriza o melhor e transmite-o ao que vive no tempo real. Há outra propriedade conhecida na Física: a dualidade da matéria; ou seja, uma partícula é corpuscular (corpo) e onda (energia).

Somos ao mesmo tempo energia e corpo, capazes de buscar informações em velocidades ondulatórias. Na fase mais profunda do sono em que há aumento da atividade cerebral, há um intercâmbio entre o corpo energético e o corpo físico. E é essa troca de informações que permite corrigir o futuro que você criou durante o dia, o que faz com que no dia seguinte a sua memória esteja transformada.

Chaves para aplicar e compreender a Teoria do Desdobramento, por Jean-Pierre Garnier Malet

- Todos nós temos um "Duplo" (Eu Holográfico®).
- Nosso "Duplo" não é o corpo astral ou etérico. É verdadeiramente nosso "Eu", mas em outra dimensão. Tudo acontece no "Eterno Agora".
- Informações com o nosso "Duplo" (Eu Holográfico®) são trocadas pelas aberturas entre os diferentes tempos.
- Essas imperceptíveis "aberturas temporais" são aceleradores do transcurso do tempo que nos arrasta para outros espaços em velocidade prodigiosa.
- Nosso "Duplo" (Eu Holográfico®) é verdadeiramente o nosso outro "Eu". O corpo físico, o corpo visível, explora o espaço em nosso tempo. O outro corpo, o energético, geralmente imperceptível, viaja nos diferentes tempos do nosso desdobramento.
- Podemos dizer que o corpo energético informa nosso corpo físico. Toda partícula emite e recebe ondas. Todo organismo recebe vários tipos de informação a fim de viver e sobreviver.
- O momento presente atualiza futuros potenciais criados pelo momento passado. Uma mudança de pensamento de um segundo em nós cria numerosos potenciais num tempo acelerado, cuja síntese instantânea no nosso tempo leva a uma rápida e milagrosa recuperação.
- Nosso "Duplo" (Eu Holográfico®) experimenta muito rapidamente o nosso futuro; e por aberturas imperceptíveis entre os dois tempos, presente e futuro, os intercâmbios permanentes de informações nos levam no caminho certo.
- Na troca de informações com o nosso "Duplo" (Eu Holográfico®) durante nosso sono, podemos finalmente saber o verdadeiro propósito de nossa vida e encontrar o equilíbrio capaz de reconduzir-nos a ele.
- Temos várias possibilidades no nosso futuro. Trata-se de escolher a melhor para benefício nosso e do nosso planeta,

aprendendo a receber informações do nosso "Duplo" (Eu Holográfico®).

- Você deve ter plena confiança de que o seu "Duplo" (Eu Holográfico®) vai resolver da melhor maneira possível, uma vez que ele (Eu Holográfico®) é você mesmo, em outra dimensão, espiritualizado. Tenha a "certeza" de que ele resolve. Tenha uma atitude de total despreocupação e confiança.
- Essas informações sobre as "aberturas temporais", imperceptíveis, nos permitem melhorar o nosso presente. São sempre tão rápidas que vêm até nós na forma de intuições, sugestões e premonições.
- A direção da nossa vida é nossa própria responsabilidade.
- É preciso ser "dois" para haver a troca de informações: um deles viaja entre seu presente e futuro. O outro entre esse futuro (que é o seu presente) e o futuro desse futuro (que é o seu próprio futuro). Assim, as três realidades – passado, presente e futuro – são acessíveis ao mesmo tempo pelos intercâmbios de informação nas aberturas temporais.
- Nosso corpo é um receptáculo de informações muito necessárias de todos os tipos que o nosso "Duplo" (Eu Holográfico®) preenche quando chamado. Todas as nossas células obedecem à vontade desse "Outro Eu", que aguarda o nosso consentimento para vir nos visitar.
- Sua benevolência é inquestionável porque "Ele" é "Você" e sempre o será, uma vez que lhe assegura a vida após a morte em outro tempo, mas, como é imperceptível, esquecemos disso.
- A Lei do Tempo é simples. Tudo depende do nosso modo de vida e de nossos pensamentos que criam o conjunto de nossas possibilidades de futuro.
- Nosso "Duplo" (Eu Holográfico®) pode sempre modificar os futuros que temos criado, por meio de nosso pedido.
- Restabelecer um corpo doente ou silenciar uma mente angustiada muda o futuro e, consequentemente, transforma o mundo.
- O queixar-se ou lamentar alguma coisa com frequência cria imediatamente no futuro algo que vai levar a queixar-se ou arrepender-se.

- A única dificuldade provém da nossa maneira habitual de pensar, porque não estamos acostumados a colocar o futuro antes do presente. Essa nova noção do tempo vai abalar a base fundamental de todos os nossos pensamentos.
- É a água do nosso corpo que armazena e recupera as informações.
- Ao focarmos em demasia os nossos problemas, é o que atraímos energeticamente para a nossa vida futura, as energias responsáveis por todas as nossas dificuldades, e atraímos momentos futuros que podem não ser os mais adequados.
- No entanto, se pedirmos ao nosso "Duplo" (Eu Holográfico®) para resolver os nossos problemas e trazer soluções, as atrairemos em nossa direção, aceitando suas soluções com absoluta confiança, com gratidão e a certeza de que é o melhor futuro possível para nós mesmos.
- A melhor maneira de adormecer é pedir ao nosso "Duplo" (Eu Holográfico®) que envie o melhor futuro que poderíamos criar – "Seja feita sua vontade".

ENTÃO O QUE SERIA OU QUEM É O SEU DUPLO?

Imagine outro Universo, onde existe outro Eu de você – seu Eu Holográfico®. Entretanto, esse Novo Eu não é de corpo humano e não precisa se manifestar com o corpo físico. Ele é sua versão energética, sua versão de luz/onda.

Tudo no Universo se desdobra. Nós temos uma partícula (corpo físico), que é nosso estado corpuscular, e temos outra parte que é o estado onda, que é pura luz e energia. O Duplo é a expressão Quântica de nós mesmos. O Duplo é você em seu estado onda e de luz. Já o nosso corpo partícula, que é físico, está o tempo todo criando futuros infinitos (basta um pensamento para cocriar a realidade, os futuros potenciais são criados a cada pensamento Emosentizado®), pois nossa consciência (mente, pensamento) colapsa a realidade, a partir do que pensamos e sentimos a todo momento.

> Tudo no Universo se desdobra.

Tudo que acontece em nossa vida precisa ser criado pela manifestação da consciência. Quando não conhecia esse estudo, eu já o havia decodificado. Se você está me acompanhando, vai recordar que eu já ensinava isso e descobri por mim mesma quando aconteceu, na prática, comigo.

> Existe uma versão nossa evoluída no multiverso, outro eu seu, que alguns chamam de alma.

Eu falava aos meus alunos que existe uma versão nossa evoluída no multiverso, outro eu seu, que alguns chamam de alma perispírito, anjo da guarda, mentor de luz, Eu Superior, Eu Sou, Espírito Santo, ser multidimensional, ser superior, mente cósmica, sabedoria infinita, Deus, consciência superior, enfim, um espírito à nossa frente analisando todas as infinitas possibilidades e trazendo para nós o melhor caminho que nos leva à cocriação desejada; minha decodificação foi feita dessa maneira, mas em seguida tive a comprovação científica que era do *Doble Quantum*. Isso é **mágico**!

Quando fiz o curso com Jean-Pierre Garnier Malet, entendi. Bingo! Descobri que aquilo que ele chamava de *Duple* ("Duplo") era o que sempre chamava "Eu de Você", Eu Perfeito, Eu Superior, Eu do Futuro, Eu Expansivo, Eu Holográfico®; adotei o termo Eu Holográfico® por ser o seu holograma 3-D literalmente, assim eu me refiro a ele no meu método Salto Duplo Quantum®.

Pensamento, energia e consciência criam infinitos potenciais. Eles são positivos e negativos e o nosso duplo Quântico explora todos. Isso produz informações para trazer à consciência o que você e eu chamaríamos de *insights* A-há Quânticos, intuição, intenção, sexto sentido, ou, ainda, Deus em ação, alma.

Ao receber essas informações (intuição, *insight*) inconscientes para seu presente (consciência), sua memória vai mudando e, da mesma maneira, você vai se transformar. Vamos voltar a falar sobre isso no final do capítulo e no decorrer do sétimo. Agora, a pergunta curiosa que você deve estar fazendo:

ONDE ESTÁ O DUPLO?

E onde está nosso Eu Perfeito do Futuro, especificamente? Eu sei, eu sempre soube. Ele está no espaço da não localidade como já foi elucidado aqui no livro, mas vamos reforçar nesta parte. Matriz Quântica, Campo Quântico, Matriz Divina, éter, substância amorfa, substância sem forma, campo morfogenético, Universo, Quinta Dimensão etc. e como eu chamo: Matriz Holográfica®, que é pura energia e frequência. Ela é um Universo, igualzinho ao nosso.

> O principal ponto do Duplo, porém, é que você não pode e não consegue sintonizar e entrar no Campo Quântico vestindo um corpo.

O principal ponto do Duplo, porém, é que você não pode e não consegue sintonizar e entrar no Campo Quântico vestindo um corpo (partícula). Por isso, torna-se essencial a utilização de técnicas como a meditação, a redução dos ciclos de onda cerebral ou entrada em estados profundos de concentração e relaxamento. Porque você precisa perder a noção de espaço e de tempo para penetrar na matriz com seu corpo onda (energia – consciência pura), sintonizar seu duplo e se tornar seu próprio sonho.

O SEGREDO DO DUPLO

Então, bingo! Você precisa estar em forma de energia para contatar o seu Novo Eu nesse espaço da não localidade. Pois, se ele é energia, você só pode chegar a ele no formato energético, no formato de vibração (onda).

Para isso, você precisa estar em Ponto Zero, estar em meditação, com ausência total de pensamentos e alcançar ciclos específicos de onda cerebral – em outra linguagem, precisa se separar da mente consciente porque ela tem controle e você quer controlar; portanto, tem de desviar, adormecer o consciente para ter acesso ao inconsciente. Fazemos isso baixando o ciclo de onda cerebral por meio do relaxamento profundo, pois, no momento em que consegue se dissociar de toda a matéria e se integrar à Matriz Quântica Holográfica®, você se unifica e se conecta com seu sonho.

Especificamente na aplicação do método Salto Duplo Quantum® e nas 10 Leis para sintonizar o duplo, você vai compreender ainda o poder da água em todo o processo de manifestação do futuro alternativo dos seus sonhos, porque essa molécula é milagrosa, sendo a maior parte da composição do nosso organismo; além disso, ela tem livre passagem por todas as dimensões do Universo. Serve ainda como uma poderosa fonte condutora de energia e de dados Quânticos preciosos trazidos, diretamente, da sua versão onda – Eu Holográfico®, como plasma e memória, para suas células, demais moléculas e campo relacional, potencializando de modo acelerado, na velocidade da luz, o colapso imediato da realidade que deseja experimentar.

SEU FORMATO EM ESTADO QUÂNTICO - ENERGIA

Sua Assinatura Vibracional® precisa estar no estado de harmonia para sintonizar com o Duplo Quântico – Eu Holográfico®. Isso significa que, nesse estado de consciência pura, você vai resolver seus problemas, criar e intencionar em seu corpo energético. É aqui que você sai da dimensão Física (partícula ou matéria) e sintoniza seu duplo, vibrando em formato multidimensional.

Esse é, de fato, o seu formato em estado Quântico (onda ou energia). Gosto de pensar que, como estou em formato energético, o meu Eu Holográfico® pode fazer o que eu quiser do futuro escolhido por mim, nesse instante, sem qualquer escala intermediária no Universo.

Porque, se minha consciência tiver ideias, então eu estou ensinando o meu Eu Holográfico® a ser capaz de fazer tudo, experienciando múltiplas possibilidades. Isso é feito quando estou em devaneios, pensando longe, visualizando, meditando, reprogramando, colocando energia mental e emocional em meu sonho, aumentando minha Frequência Vibracional®. Aqui está mais uma prova de que somos cocriadores, pois só precisamos ter conhecimento sobre esse poder.

ENERGIA E CONSCIÊNCIA

Você com certeza percebeu que estou ancorando tudo que está aprendendo na essência do seu poder interior: energia, informação e consciência. A energia é a substância original, amorfa da criação, o éter divino, a Matriz Holográfica® ou o Vácuo Quântico. A consciência dá ação à energia do Universo e ao próprio Universo. O

Universo é a manifestação da consciência primária, do Criador, de Deus.

MAS QUEM É CONSCIÊNCIA?

Ela é o Deus que existe em você, a sua personalidade, o fragmento vivo do Criador. Por isso, chamamos de cocriação, pois isso significa cocriar e colapsar a função de onda. Em outras palavras, criar no Universo, em conjunto com o Criador, que é Deus por meio da sua consciência. Ser o coautor da sua vida.

COLAPSO DE FUNÇÃO DE ONDA

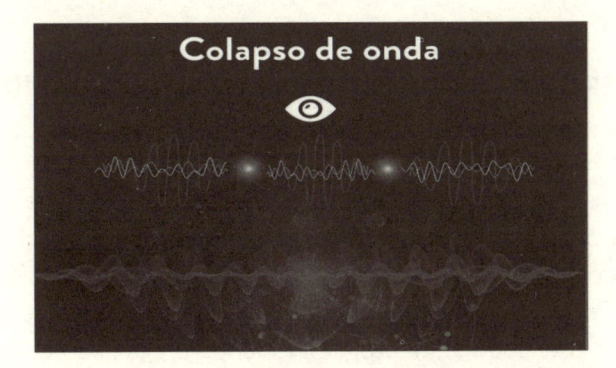

Quando o colapso acontece, também ocorre a cocriação da realidade. Esse fenômeno é comprovado cientificamente pela Física Quântica, por meio dos experimentos da dupla fenda e do olhar do observador da realidade, como já falamos nos primeiros capítulos. O colapso de função de onda é identificado quando ocorre a fusão vibracional ou o emaranhamento Quântico de partículas, entre a onda de energia enviada pelo campo eletromagnético em fusão ou a fase com a onda de energia da Matriz Holográfica®.

Essas ondas se entrelaçam quanticamente e formam a matéria de alguma realidade observada (intencionada) por você no Universo. Ou seja, o colapso, que é interferência construtiva das duas ondas de energia, existe quando você deseja algo com muita fé, decisão, certeza, clareza, frequência, intenção e determinação. Pode ser um carro ou uma casa, por exemplo.

Então, você acredita e vive essa realidade dentro de si, não duvida um segundo sequer, pensa com convicção em seu desejo e depois apenas solta ou delega para Deus ou o Universo manifestar a realidade pretendida. Isso é o que forma e o que vai compor a matriz do seu desejo no Universo e o colapso visualizado.

Além disso, o colapso pode transcender dimensões fora do espaço-tempo. É por isso que o Duplo Quântico, em seu potencial infinito, já está vivendo o que você está tentando se tornar e pode ser colapsado. Para isso, você precisa vibrar na mesma frequência que ele; aí eu repito: **o conceito é Ser para Ter**. Isso também prova que você pode provocar o colapso de qualquer realidade e sonho. Porque o processo do colapso está profundamente ligado às nossas três mentes (consciente, inconsciente e cósmica, que é Deus ou a Matriz Holográfica®).

TRANSFORMANDO SONHO MENTAL EM REALIDADE FÍSICA

Para conseguir transformar a onda em partícula, por meio do seu olhar de observador consciente, você precisa estar em alinhamento, pensando, vibrando e agindo em congruência vibracional (Emosentizar®). Pois você aprendeu que 95% das informações que retemos estão armazenadas na mente inconsciente. E é lá que fica a maioria de nossas memórias, aprendizados errôneos, emoções negativas, crenças limitantes, dogmas, verdades absolutas, bloqueadores e mecanismos de autossabotagem.

> A mente inconsciente é responsável pela comunicação com o Universo ou com a fonte.

Outro ponto importante é que a mente inconsciente é responsável pela comunicação com o Universo ou com a fonte.

Por meio da vibração das emoções, ela emite seu campo eletromagnético para a mente cósmica. Essa consciência é a consciência superior, Deus, que colapsa seus sonhos.

Agora que você conseguiu entender o que ensinei até aqui, fechamos o seu raciocínio. A mente superior (cósmica) não fala (se comunica) com a mente consciente, apenas com a mente inconsciente. Logo, toda informação registrada por emoções, repetições, impacto emocional, pode se tornar real, a partir das programações, das visualizações e dos registros guardados nessa parte do Ser (mente inconsciente).

Mais um ponto importante é que a mente consciente está apenas relacionada com a parte racional consciente e o modo como buscamos soluções para o mundo físico, na nossa vida atual, nessa terceira dimensão. Enquanto a mente inconsciente, além de se comunicar com o Universo, por meio da vibração das emoções, também guarda todas as nossas crenças.

Portanto, se você deseja promover uma reprogramação mental, antes de tudo, vamos limpar essas emoções de baixa vibração do inconsciente, pois são elas que provocam o Efeito Zenão! Viu como tudo se encaixa?

DESCOLAPSO PELO EFEITO ZENÃO QUÂNTICO

Este é o fenômeno oposto ao colapso de função de onda, que você já aprendeu, mas vou repetir, pois agora iremos conceitualizar. Ele representa o descolapso da realidade. Sua ação anula a materialização de qualquer evento no Universo. O Efeito Zenão ocorre quando a pessoa emite um padrão negativo de energia por meio do seu Campo Quântico.

Especialmente, quando o Ser está envolvido em emoções de baixa Frequência Vibracional®, segundo a Escala Hawkins, como medo, ansiedade, tristeza, apatia ou irritação. Essas emoções vibram a menos de 50 ou 100 Hertz. Ao considerar que a tabela chega até 1.000 Hertz de expansão vibracional, essas emoções são frequências muito baixas. Portanto, a vibração de contração, como chamamos, bloqueia, obstrui, paralisa e descolapsa seus sonhos. Bingo!

CONGELANDO SEU SONHO

Por exemplo, se você precisa muito de uma coisa e fica olhando para ela o tempo todo, está congelando (paralisando) o sonho, pois, nesse momento, seu sentimento é de ansiedade. Espere! Vamos entender! Se você sente ansiedade, sua vibração é de desequilíbrio, então está emitindo frequência de falta, pois desequilíbrio é a polaridade contrária da harmonia. Nesse caso, sua ansiedade está informando para o Universo que você não tem aquilo que deseja. A ansiedade, então, paralisa o processo de cocriação; logo, o sonho não acontece.

EVITAR O DESCOLAPSO E O EFEITO ZENÃO

Em frequências inferiores, também chamamos de nível de força da energia de desejo emanada pela pessoa, por meio do seu campo eletromagnético, não tem consistência, descolapsa. Para permanecer colapsando a função de onda e evitar o Efeito Zenão, é preciso vibrar acima de 500 Hertz, ancorado em emoções elevadas como amor, gratidão, alegria, paz e harmonia. Isso quer dizer que apenas o alinhamento da vibração evita o descolapso do seu sonho.

ALINHAMENTO POR MEIO DO CÉREBRO TRIUNO®

O alinhamento vibracional do campo eletromagnético acontece quando há harmonia entre os três Eus Quânticos® ou Cérebro Triuno®: inconsciente, consciente e mente cósmica (Deus ou o Universo), que precisam estar com ideias, pensamentos, emoções e atitudes em plena congruência para sintonizar o seu duplo Quântico em algum dos multiversos.

Vivemos em um Universo de energia infinita onde tudo está correlacionado quanticamente – não apenas nesse Universo, como também em toda a estrutura Quântica da realidade, na qual o oceano de energia é um só. Tudo é imenso nesse mar de energia e existem "bolhas cósmicas" e "grãos de areia universais" espalhados infinitamente.

Contudo, a nossa realidade é apenas um grão de luz e isso é apenas uma metáfora – obviamente, em que cada grão é um átomo da existência. Você, portanto, está imerso nesse plasma Quântico e conectado a todas as realidades, com vidas ressonantes, paralelas e simultâneas.

Assim, de acordo com o princípio da correlação Quântica, tudo está estritamente ligado por meio das vibrações no campo unificado de energia e frequência do Universo. E não importa a distância ou a realidade existencial. Um átomo aqui na Terra está correlacionado com outro átomo em particular, situado em qualquer multiverso. Não há separação de nada.

Seu padrão de energia, seus pensamentos ou suas emoções estão associados às demais pessoas e à própria frequência do Universo. Estão também correlacionados com suas infinitas versões holográficas espalhadas na extensão da Matriz Holográfica®. Há uma versão bilionária de você? Sim! Sua versão miserável, fracassada? Também! Todas as realidades existem e coexistem ao mesmo tempo: pobres, ricas, milionárias, bem-sucedidas, amadas e completamente realizadas em diferentes áreas, como estamos vendo desde o primeiro capítulo.

Todas elas correspondentes ao que você está vibrando agora! Observe, então: eu não disse que elas respondem ao que você quer, e sim ao que você vibra. A Frequência Vibracional® que você está emitindo sintoniza suas cópias idênticas, suas versões duplas. Fez sentido? A energia que você emana acessa o seu Eu Holográfico®. Então, é simples: eu mudo minha vibração, me torno um Novo Eu e minha nova frequência acionará uma nova e perfeita versão minha no futuro. É isso!

NOVA MANEIRA DE COCRIAR - SINTONIZE SUA COCRIAÇÃO

Para isso, eu criei, com base em minha experiência, novas formas de cocriar. A cocriação acelerada de **sintonia** é uma delas. Está relacionada com o acesso multidimensional do seu Eu Holográfico® – Duplo Quântico no Universo. Para cocriar, você precisa alinhar sua mente e o Cérebro Triuno – Emosentizar®.

Contudo, não basta somente alinhar, é preciso viver a experiência da cocriação do futuro desejado em contato com seu Novo Eu, no espaço sagrado do coração. Você precisa, assim, integrar as polaridades da mente com o Universo, a fonte e seu duplo, para cocriar seus sonhos, mantendo-se em ressonância com a vontade mais íntima do seu coração.

Por meio do pulso eletromagnético do coração, você atinge o máximo de potência do seu corpo de luz, ou Campo Quântico e eletromagnético. Passa a se manifestar como energia e como luz, torna-se consciência pura, imaterial. Quando nos desligamos do corpo, das pessoas, de lugares ou coisas, começamos a acessar o Mundo Quântico.

> Quando nos desligamos do corpo, das pessoas, de lugares ou coisas, começamos a acessar o Mundo Quântico.

Nunca vamos entrar como pessoa na Matriz Holográfica®, e sim como onda (energia), como centelha pura de luz, o que permite o acesso à não localidade e à integração com seu Eu Holográfico® e com o futuro alternativo que deseja experimentar na realidade presente.

Pois o coração sempre espelha. Costumo dizer que ele espia o que estamos pensando. O meu desejo mais verdadeiro, no qual eu coloco mais energia, atenção e mais comportamento em direção a ele (ao coração) é o que tem o mais potente campo de energia para se tornar real.

COCRIAR PELO CÉREBRO DO CORAÇÃO - ELE TEM 40 MIL NEURÔNIOS

Já falamos sobre o Poder da Cocriação, mas vou um pouco mais longe para que você entenda o verdadeiro Poder de Cocriar e Sintonizar seu "Eu do Futuro".

Em 1991, o Dr. Andrew Armour revelou que o coração tem uma mente própria com 40 mil neurônios, e esse sistema nervoso cardíaco intrínseco, que chamamos de minicérebro do coração, é independente do cérebro. O Dr. Armour trouxe em seus estudos a informação de que fibras nervosas funcionam como conexão do coração para o cérebro. Assim, o coração envia informações para centros cognitivos e emocionais do cérebro e as modifica o tempo todo, transformando e modificando quem você é.

Com base no que aprendi com Gregg Braden e Joe Dispenza, cérebro e coração estão ligados por vias ascendentes e descendentes, porém 90% ascendem do coração para o cérebro. O que sentimos no coração é enviado para o pensamento. Agora, diante do que aprendeu, você já sabe que quanto mais emoção, sentimento, vibração, alegria, amor e gratidão no coração, menor será a ansiedade e o estresse.

Veja que descoberta incrível: o minicérebro do coração processa suas emoções sem receber nenhuma informação do cérebro. Os nervos que possibilitam a comunicação sentem, vibram, lembram, tomam decisões, independentemente do sistema nervoso. Então, as emoções e os sentimentos originados no coração assumem papel importante em relação ao mundo. Quando as emoções nascem ali, elas criam equilíbrio, harmonia e paz e, mais que isso, impedem o cérebro de reformar atividades automáticas.

Todos os nossos pensamentos produzem química cerebral, que vão criar as emoções; então, quando você estiver centrado no coração, nesse minicérebro, quando sentir amor, alegria, gratidão, unidade, harmonia ou emoções que acolhem pensamentos semelhantes, você conseguirá acessar a mente inconsciente para reprogramar, instantaneamente, a programação que estava lá e acessar o Eu Holográfico®, pois estará entrando em ressonância com a mesma frequência na qual seu Eu Holográfico® do Futuro se encontra.

Há um pulso, um sinal elétrico, que é gerado para o campo. Esse pulso é captado pelo coração humano, passa pelo cérebro e de lá vai para as células do corpo. Entretanto, emoções de baixa vibração e desequilíbrio bloqueiam o caminho e rompem e impedem o circuito, nos desconectando do Universo.

> **"Quando esse pulso ressoa, ele passa por esse caminho intacto, o ser humano tem cada célula conectada e em harmonia com o pulso cósmico. A conexão coração-cérebro tem sido quebrada na maioria das pessoas pela separação da cabeça e do coração, do intelecto e da intuição, do físico e do espiritual."**
>
> **– David Icke.**

VOCÊ PRECISA VIBRAR A EMOÇÃO ANTES QUE AS COISAS ACONTEÇAM

> Só o sentimento produz carga vibracional para emitir um sinal claro.

Só o sentimento produz carga vibracional para emitir um sinal claro. Se você sentir no seu coração emoções como gratidão e amor, só o fato de mudar essa energia vai trazer resultados em sua vida. Isso ocorre porque o corpo começa a acreditar que a emoção sentida (por exemplo, gratidão) vem da realidade que já está vivendo. Ao entrar no coração e sentir uma emoção antes que aconteça, alinhando vibracionalmente com uma intenção clara, você estará ensinando seu corpo a viver essa experiência no agora e saber como lidar com isso.

Essa coerência harmônica e ressonante entre cérebro e coração influencia a química que o corpo vai receber e o modo como vai se comportar. Reestruturando seu cérebro, reconfigurando sua biologia, reprogramando suas emoções e ativando seu novo DNA. Tudo isso equivale a um novo você para acessar seu futuro mais brilhante que representa um duplo seu igual a esse que está se tornando.

O LOCAL ONDE TUDO SE TORNA POSSÍVEL!

O seu Duplo está no espaço da não localidade em estado de pura energia. A não localidade é o estado de integração com o Universo, Deus, o Vácuo Quântico ou a Matriz Holográfica®. Nesse espaço, tudo se torna possível e todas as transformações são permissíveis no Campo Quântico de encontro com o seu Eu Holográfico® do Futuro. Esse estado de coesão com a fonte é atingido quando meditamos. Ao entrar em profundo relaxamento, em silêncio absoluto ou sono REM, quando os ciclos de onda cerebral baixam para as faixas gama, theta e alfa, conforme mencionado no capítulo anterior e que voltaremos a falar neste capítulo. Desse modo, você acessa a não localidade e se funde ao seu Eu Holográfico®.

É nesse ponto que todas as cocriações são possíveis, em qualquer tempo, espaço ou dimensão. Na não localidade, você acessa o Novo Eu – Eu Holográfico® – e experimenta novas versões

Quânticas de si, muito mais poderosas e completas. Porque a sua consciência não local é propriamente a não localidade onde vive e trafega o seu duplo em infinitas possibilidades e mundos paralelos. Em outro Universo igual ao nosso, onde não somos humanos, mas energias em estados perfeitos e infinitos de vibração.

ONDAS CEREBRAIS DO NOVO EU

Diante de tudo isso, meu objetivo é transformar suas ondas cerebrais para entrar nesse estado inconsciente em que as mudanças acontecem. Em outras palavras, ensinar você a sair de beta (cérebro consciente, voltado para o exterior) e entrar em alfa (baixar o ciclo da onda cerebral para a conexão com o mundo interior), ou, ainda, vibrar diretamente em gama (seu estado alterado de expansão da consciência). Ao acalmar e diminuir (baixar, relaxar) suas ondas cerebrais para a mesma frequência na qual vibra a mente inconsciente, você pode programar o sistema autônomo do corpo como quiser. Bingo! Basta pensar, agir e sentir.

O processo é simples, mas exige prática. Você precisa, de fato, aprender a transformar suas ondas cerebrais, entrar em meditação holográfica – que mantém conexão com seu

> O processo é simples, mas exige prática.

presente e o tempo suficiente com foco no seu sonho – para colapsar a função de onda e cocriar a vida futura que deseja. Esse estado harmônico altera os neurotransmissores, as enzimas, os genes, as proteínas, os hormônios, tudo por meio do pensamento. Isso é magnífico!

REALIDADE EMARANHADA – NÃO LOCALIDADE

Nós todos estamos entrelaçados ao mesmo domínio da realidade Física ou vibracional. Nesse campo de pura potencialidade e energia, todas as leis do Universo, bem como as forças, energia e princípios coexistem. Todos os tempos, nessa perspectiva, estão intercalados e todos os nossos Eus Holográficos® interagem simultaneamente.

Eu diria que esse espaço existe e coexiste em três domínios:

1. Realidade Física e material;
2. Realidade holográfica;
3. Realidade consciencial e mental.

Nesses três domínios, há o que a Física Quântica chama de correlação Quântica, entrelaçamento ou Emaranhamento Quântico não local. O que você pensa, sente ou como age interfere decisivamente na matriz do campo (malha Quântica da realidade) e provoca efeitos ondulatórios e gravitacionais. É como jogar uma pedra no lago e perceber as ondas no espelho d'água em distintas nuances e mudanças sequenciais.

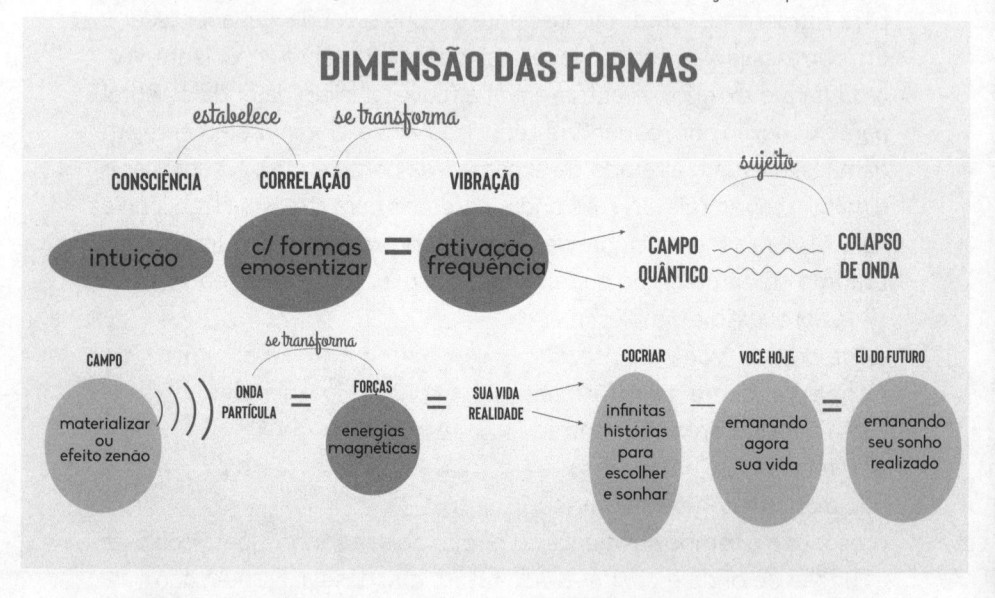

Mundo Real: A realidade Física é a matéria (vida real, terceira dimensão), o objeto observado, a matriz real em que estamos todos nós envoltos e que muitas pessoas consideram a única e mais importante realidade. Ou seja, tudo aquilo que você toca, vê, observa, sente e pode pegar.

Mundo Quântico: A realidade holográfica é a realidade Quântica. É o Universo Holográfico, a Matriz Holográfica®. É onde existe o campo das infinitas possibilidades e você pode interferir positivamente para materializar e criar os seus Hologramas Quânticos (suas diferentes versões) de cada um dos seus sonhos, por meio das visualizações, de práticas meditativas, no estado de Ponto Zero e em alta concentração, ao reduzir os ciclos de onda cerebral, no silêncio extremo e absoluto.

Realidade Mental "Consciencial": A realidade consciencial ou mental é onde está o seu Duplo Quântico, o seu Eu Holográfico®, todos os futuros potenciais e alternativos à sua livre escolha. Essa realidade é acessada por seu corpo energético (onda), pela força da mente, pela frequência enviada pelo campo eletromagnético do seu coração e por sua vontade de concretizar todos os seus sonhos no Universo.

Nesse domínio consciencial, você pode sintonizar qualquer futuro desejado e provocar o colapso de função de onda, alcançando a frequência do seu Eu Holográfico®, pois, na realidade da consciência, você transpõe todas as dimensões do Universo, rompe o espaço-tempo no próprio emaranhamento Quântico.

Por estar implicado a todas as vibrações da realidade, pode transitar em forma de Eu Holográfico® por todas as realidades, percepções, dimensões do tempo e futuros alternativos extraordinários. O Colapso acontece a partir do princípio do emaranhamento Quântico, em primeira instância, no nível da consciência, na realidade mental.

ENVIAR O SINAL CORRETO

Existe uma versão futura (realidade holográfica) de você no emaranhamento (realidade consciencial) que está acessando sua versão atual a todo momento (realidade Física) pela vibração que emana! Olha que incrível, pois sua versão do futuro é (PERFEITA) mais amorosa, mais próspera, mais inteligente, presente, ativa, consciente, mais evoluída e está aguardando sua energia ser alterada para entrar em ressonância com a dela. Por isso, estou ensinando você a enviar o sinal correto.

A regra para sintonizar o Novo Eu é acessar o campo invisível de energia consciente – que só é possível quando se está no agora – no momento presente. Mas, para isso, você precisa desviar a atenção do seu corpo, do local onde você está, como já ensinei, lembra? Ou seja, mudar o foco dos problemas, das pessoas, dos objetivos etc. Isso significa que você precisa esquecer totalmente sua identidade, seu corpo, e entrar no Campo Quântico com sua identidade onda (Corpo de Luz Energético).

Pois todos os futuros estão em potencialidade, estão em superposição Quântica aguardando você acessar. Quando sua frequência entra em ressonância com um desses potenciais no campo unifica-do, você vai atrair (cocriar) essa experiência para sua vida. O acesso é pelas aberturas temporais.

DESDOBRAMENTO QUÂNTICO

A teoria de Malet explica que existe um tempo relativo no Universo que não conseguimos perceber. E seria nesse tempo imperceptível que estão as aberturas temporais. As aberturas são fendas ou fissuras no espaço-tempo, por onde você pode penetrar em formato de energia (onda) e contatar seu duplo Quântico – Eu Holográfico® – para sinto-nizar, acessar ou escolher o melhor futuro de todos na atual existência.

Esse é o campo das infinitas possibilidades, algo que entendi na minha formação; inclusive, este livro começou a ser escrito quando fiz esse grande *download*, aquilo que eu já ensinava havia seis anos, desde que criei o meu curso Holo Cocriação®. Estudando mais pro-fundamente e unindo esse fundamento ao conhecimento que eu já possuía, compreendi que o que Malet falava era exatamente o que eu já havia aprendido com Deepak e Goswami, e grande parte de tudo que já havia compreendido sozinha.

Eles usavam linguagens diferentes, mas todos se referiam à não localidade, e me ensinaram que o acesso a esse campo dos sonhos no momento da cocriação Quântica é feito com uma senha Quân-tica, o nosso estado de Ponto Zero, o silêncio profundo em que nos tornamos a imagem que estamos vendo. Bingo!

EM PONTO ZERO VOCÊ SE TORNA O SEU SONHO

Estar em Ponto Zero é, literalmente, se fundir ao Universo e à Matriz Holográfica®. Ao que Gregg Braden chamou, no livro *A matriz divi-na*, de Campo Quântico de infinitos potenciais ou possibilidades. O que você precisa saber é que tudo é onda de energia, dentro e fora de você. Tudo existe no interior do seu organismo, desde o núcleo do DNA até o reflexo das estrelas. O seu Duplo também se manifes-ta como onda e você consegue sintonizá-lo quando entra em Ponto Zero, em estado onda.

COMO SE COMUNICAR COM SEU DUPLO?

Você consegue se comunicar com seu Duplo Quântico de muitas formas, uma delas é por meio da vibração, que vamos chamar de consciente Quântico (Emosentizar®). Essa comunicação vai estar no que está vibrando AGORA, na qualidade do seu pensamento, do que você fala, assiste, lê, das palavras que usa. Tudo isso gera uma vibração que pode ou não ser compatível com a energia essencial do Universo (Seu Duplo), fazendo você colapsar ou não os eventos que deseja, a partir da frequência das suas emoções.

> Você consegue se comunicar com seu Duplo Quântico de muitas formas.

O IDIOMA DA MATRIZ HOLOGRÁFICA®: COMO ELA SE COMUNICA

A matriz compreende apenas o idioma da sua vibração. Quando você consegue acessar essa comunicação e vibra na linha das frequências dos seus desejos, o Universo passa a conspirar a seu favor, atraindo as pessoas corretas, eventos certos, encontros e todas as oportunidades compatíveis com o que deseja em sintonia com a onda de energia do seu duplo Quântico (Eu Holográfico®).

> A matriz compreende apenas o idioma da sua vibração.

Outra maneira é o Inconsciente Quântico (Não Localidade – Matriz Holográfica®), em que ficam armazenadas todas as nossas memórias e emoções Quânticas. Então, você precisa entrar na mente inconsciente e mudar a representação interior daquela imagem para outra do futuro potencial escolhido, do seu desejo!

E isso só se torna real quando você acessa essa imagem, Emosentiza® com sua frequência e entra em campo zero, pois os elétrons estão em constante equilíbrio dinâmico e momentâneo. Poderia exemplificar com o processo de realinhamento vibracional – Mente, Corpo, Cérebro em alinhamento Quântico.

Uma outra maneira muito poderosa é durante o sono (Ciclo de Onda Gama). Vamos apresentar este estudo no próximo capítulo.

PONTO ZERO - ESTADO DE PLENITUDE MENTAL QUÂNTICA

O estado de Ponto Zero é o oceano de ondas de infinitas dimensões de energia subatômica, que está integrado a tudo e a todos. As oscilações e mudanças vibratórias dependem da vibração que você emite e da frequência que sintoniza, especialmente quando entra em Ponto Zero. Isso é possível quando você silencia a mente e entra em profunda meditação, no que a ciência chama de Alfagia, que é a plenitude mental, energética e espiritual, quando você consegue reduzir os ciclos de onda cerebral.

> Quando você reduz a frequência das ondas cerebrais e entra em Ponto Zero.

Quando você reduz a frequência das ondas cerebrais e entra em Ponto Zero, se entrega ao Universo, ao campo de potencialidade infinita, e pode cocriar de modo consciente e natural qualquer realidade em sua vida. Nesse instante, você perde a noção do espaço-tempo, se unifica à fonte, deixa a individualidade, o ego, e passa a ser uno com o Criador e com todas as probabilidades e escolhas de futuros potenciais do seu duplo Quântico. Isso é possível em estado de meditação, alta concentração, relaxamento profundo e mesmo durante técnicas de reprogramação mental e vibracional, como o caso da Técnica Hertz®.

QUANDO TUDO SE TORNA UM - SOMOS UM

O Ponto Zero é o ponto das infinitas possibilidades, no lugar onde tudo se torna onda, tudo é perfeição, é o ponto da não informação (ausência de pensamentos projetados pela mente). E por meio da intenção clara da consciência e de sua respiração no presente, em estado de presença, você é inspirado para aumentar a consciência do seu campo vibratório, percebendo que está em um corpo agora, mas que não é um corpo, e sim que você é apenas energia e consciência.

Ponto Zero é o estado em que não há nenhuma atenção ativada pelo consciente. Nesse Campo Quântico, todos os Universos ou multiversos – todas as bolhas Quânticas, Eus Quânticos, Holográficos® e realidades paralelas, a partir do entrelaçamento Quântico e do desdobramento do tempo, podem existir ou coexistir. E também existem várias versões de cada um de nós e é possível acessar o verdadeiro eu.

Por isso, você pode, realmente, sintonizar qualquer versão da sua personalidade ao penetrar nesse tempo ainda imperceptível com o seu corpo energético. Seja um Novo Eu próspero, bem-sucedido, saudável, amado, feliz, realizado e completamente satisfeito com a própria vida. Seja sua versão pobre, triste, amargurada, sofrida. Tudo vai depender da sua Frequência Vibracional®.

O ponto é liberar instantaneamente todos os bloqueios que impedem a sua vida de fluir. Pois, ao sintonizar o Novo Eu, você pode multiplicar infinitamente as possibilidades de cocriação e materialização de seus desejos. Pelo fato de os bloqueios serem energéticos, nós somos energia e eles foram criados por informação.

PODEMOS MUDAR TUDO

Tudo é informação, energia e consciência, então, nós podemos mudar tudo! Entrar em Ponto Zero é se harmonizar com o seu desejo para acessar sua melhor versão, pois o que existe é um espaço infinito de energia ao qual você está profundamente conectado.

Entretanto, para sintonizá-lo acessando a onda do seu duplo, você deverá entrar em estado de presença e harmonia constante. Isso é feito por meio da meditação, como já vimos, porém com ausência de pensamentos e preocupações, especialmente quando você aceita a existência da Matriz Quântica (Holográfica®) e aprende a soltar os sonhos ao Criador. Sobre esse espaço de puro potencial e energia, o pesquisador Nassim Haramein traz uma concepção com muita clareza para explicar esse campo:

> *"O espaço não é realmente vazio e está cheio de energia... Essa energia no espaço não é comum e existe em grande quantidade, nós podemos calcular quanta energia existe no espaço e realmente podemos utilizá-la. Tudo o que vemos está realmente emergindo desse espaço."*
>
> *– Nassim Haramein*

O SEGREDO DA SINTONIA PERFEITA

> É no estado de sono, quando você está dormindo no ciclo de onda cerebral Delta, que é sintonizado o seu Eu Holográfico® do Futuro e é permitido acessar os campos múltiplos do Universo.

É no estado de sono, quando você está dormindo no ciclo de onda cerebral Delta, que é sintonizado o seu Eu Holográfico® do Futuro e é permitido acessar os campos múltiplos do Universo. Liberando, inclusive, os poderes sensitivos e vibráteis da Glândula Pineal. Para isso, sinta a concretização da imagem holográfica da versão que você quer se tornar, ou seja, o futuro desejado.

A **Onda Delta** (0 a 3,5 Hertz [ciclos por segundo]) é um estado de inconsciência. Para que delta seja acessada, é necessário alto nível de consciência na Escala Vibracional de Hawkins, acima de 900 Hertz.

Há duas formas de atingir essa frequência. Primeiro, em sono profundo, inconsciente, quando estamos apenas regenerando nossas energias; e segundo, pela conexão consciente, com sentimentos que vibram acima de 900 Hertz pela escala do Dr. Hawkins. Isso significa que seu ego não está ativo, apenas há a conexão com o corpo intuitivo, com sua essência. Somente ele está se manifestando por aquele Ser. Esse é o estado avançado de conexão com a Matriz Holográfica®.

SONO REM – ACESSO AO EU DO FUTURO

No sono profundo REM ou, então, em uma meditação de alta intensidade, há o intercâmbio entre os corpos da consciência: energético, sutil (astral ou emocional), mental e físico. Você passa a integrar o Universo e isso lhe permite corrigir o futuro, atualizar seu *software* mental, reprogramar a realidade e mudar as circunstâncias dos eventos, especialmente no intervalo entre o dormir e o despertar.

Essa ação, sem dúvida, altera suas sinapses, modifica suas neuroconexões. Segundo as pesquisas de Malet, esse intercâmbio acontece por meio da eletroquímica das moléculas de água do corpo, uma vez que somos constituídos por água – cerca de 70% a 75% do nosso organismo – e a neurotransmissão do cérebro também depende desse tipo de indução, causada pelas emoções e, sobretudo, pelos nossos pensamentos.

O SEGREDO REVELADO

O segredo mais poderoso é aprofundar e repetir a visualização até adormecer. Antes de dormir, fazer ao seu duplo a pergunta sobre o que quer resolver. Vibrar em alta frequência, desejando e mentalizando fortemente antes de dormir, a vida futura que deseja ter. A dica é fixar a imagem desejada até adormecer.

> O segredo mais poderoso é aprofundar e repetir a visualização até adormecer.

Eu nunca durmo ou adormeço sem deixar um *looping* mental instalado. Eu fico repetindo, por exemplo: *Eu sou Rica, Eu sou Próspera, Eu sou Amada, Eu Sou o Poder, Eu Sou o Poder, Eu Sou o Poder...* Até adormecer. Quando adormeço, a mente ficará repetindo o *looping* infinitamente. Essa técnica permite focar no que você quer, unindo você e seu sonho No Vácuo Quântico! Sacada de 1 milhão de reais para você!

VOCÊ É O OBSERVADOR!

Tudo que existe é uma rede de energia, sem forma ou composição. Por isso, o Universo, regido por frequências e vibrações diferenciadas, é formado por infinitas possibilidades, probabilidades e realidades paralelas. Pois existem várias versões da sua personalidade: rica, próspera, milionária, saudável, amada, completamente feliz, ou totalmente avessa a essa realidade.

Quem define a melhor experiência é sempre você. Tudo depende do seu padrão vibracional. Por exemplo: você se considera feliz e realizado? Aceita o poder divino que vibra no seu DNA de luz? Tem fé no Criador e na criação? Consegue viver dentro de si antes de materializar a realidade que tanto sonha e deseja? Todos esses fatores vão contribuir ou não para a materialização dos seus sonhos.

O que você quer? Qual é o seu sonho? Isso são escolhas. Justamente porque é somente quando deseja, escolhe, observa, quando concentra a atenção, que as coisas acontecem. Pense assim: você começou a pensar, desejar, Emosentizar®, iniciou a Ativação Emosentizar® Hertz. Nesse momento, ao colocar todo seu desejo naquele ponto, naquela localização, em velocidade acelerada, o átomo aparece, pois está em todos os lugares e, ao mesmo tempo, em lugar nenhum. Portanto, sua consciência cria a realidade.

Vou explicar isso de várias formas para que não fique nenhuma dúvida. Imagine cocriar a casa dos sonhos, o carro que tanto deseja, o verdadeiro amor, o encontro com a alma gêmea, o dinheiro, o sucesso, o reconhecimento pessoal e profissional. Isso é totalmente possível e permissível no Universo, pois quando você acessa faixas vibracionais superiores, também avança do ponto de vista material.

Porque a riqueza, o amor, o sucesso ou a abundância são naturais ao ser humano e tudo o que deseja está na Matriz Holográfica®, na não localidade, em fase com seu Eu Holográfico®. Todas as coisas estão em estado de potencialidade pura, em superposição Quântica. Por isso, tudo pode ser modelado holograficamente por sua Consciência Quântica e seu Eu Holográfico®.

"TUDO É POSSÍVEL NAQUELE QUE CRÊ", DISSE JESUS CRISTO

Tudo é possível, sim! Porque podemos nos comportar como onda (energia) ou partícula (matéria). O experimento da dupla fenda comprova essa particularidade. Tudo depende, nesse caso, do olhar do observador da realidade. Quando você fecha os olhos e faz uma visualização criativa, o seu futuro alternativo é criado instantaneamente e fica gravado na memória Quântica do campo unificado ou da Matriz Holográfica®. Como destacou Malet, em entrevista: *"somos ao mesmo tempo energia e corpo, capazes de buscar informações em velocidades ondulatórias"*.

Mas o futuro começa no presente, no que escolher agora, neste exato momento, pois para o Universo, passado e futuro não existem, tudo está acontecendo AGORA!

PARTE II - MÉTODO DE ATIVAÇÃO

*"Pensamentos são vocabulários do cérebro,
sentimentos são vocabulários das emoções e nosso comportamento
é vocabulário do Vácuo Quântico, do Universo (resíduo químico que
guia toda nossa experiência vivida)."*

A EPIGENÉTICA E A MUDANÇA DE CRENÇAS

Será que você nasceu com o destino programado, com todos os códigos da sua existência predefinidos e predeterminados? Ou existe algo a mais, que vai além da compreensão da genética e da dinâmica dos códigos informacionais que estruturam o corpo, a fisiologia e as proteínas que dão sustentação biológica para a vida?

> Será que você nasceu com o destino programado, com todos os códigos da sua existência predefinidos e predeterminados?

Em minha visão, apesar de haver programações nucleares nas células, nas moléculas e no próprio DNA, especialmente aquelas que remetem à morfologia do Ser, tudo muda e pode ser transformado. Até mesmo os códigos que determinam a programação da vida nos genes. Pois todas as coisas, incluindo os genes, são constituídas por vibrações, estados vibracionais e frequências específicas. Sua existência é Epigenética.

Ou seja, não são os genes e o DNA que controlam a totalidade da sua vida, mas sim você, sua consciência e o ambiente que o cerca e influencia geneticamente a realidade, além de sua infinita capacidade como cocriador e observador do Universo. Tudo isso comanda a complexa estrutura celular, molecular e genética humana. Pois você não é apenas uma máquina bioquímica, que produz agentes, reagentes e neurotransmissores, que se conectam e se entrelaçam vibracionalmente, nessa dimensão ou mesmo em conexão energética com o seu Eu Holográfico®.

NOSSA CONSCIÊNCIA É QUEM CONTROLA OS GENES

A consciência transpõe qualquer programação genética. Ela é causa, e não efeito. Genes e células são dispositivos para manter a estrutura Quântica e vibracional da vida. Os estudos da epigenética atestam esse fator. Os genes agem como moduladores moleculares na construção das células, dos tecidos e dos órgãos do corpo humano. No entanto, não controlam nem comandam a vida.

A personalidade, que é você, tem essa atribuição e mais ninguém. Somos a imagem e semelhança do Criador. Por isso, temos os mesmos poderes, a mesma capacidade e autonomia para transformar energia em matéria, modelar o plasma Quântico da vida, a substância amorfa, e modificar qualquer holograma no Universo, a começar por nós mesmos, pelo interior de nosso corpo, pela vibração nuclear das células e do DNA.

Somos deuses holográficos com poderes excepcionais para modificar toda a estrutura Quântica e vibracional das células, das moléculas e do DNA da Cocriação®, elevando a vibração nuclear até o estágio e a Frequência Vibracional® do Universo, onde se encontra o Eu Holográfico® do Futuro.

> **"O ambiente funciona como uma espécie de 'empreiteiro', que interpreta e monta as estruturas e é responsável pelas características da vida das células. Mas é a 'consciência' celular que controla os mecanismos da vida, e não os genes."**
>
> **– Bruce Lipton**

OS GENES NÃO CONTROLAM A VIDA

Os genes e o DNA não controlam a vida. Eles são apenas dispositivos e moléculas moduladas vibracionalmente, responsáveis por codificar e decodificar instruções bioquânticas originárias de alguma espécie de comando central da vida. Eles obedecem a você. Ou melhor, à sua consciência.

NAÇÃO CELULAR - VOCÊ ESTÁ NO COMANDO!

É preciso saber que quem está no comando é você. Ou seja, é você quem orienta e dá os comandos para todas as áreas da sua vida, começando por todo o seu organismo. Isso quer dizer que a sua saúde, a sua vitalidade do dia a dia, a sua determinação e a sua capacidade para se regenerar dependem de você.

Quem determina a saúde das moléculas, a vibração das células, o bem-estar físico, mental e emocional, e até mesmo a sua beleza só pode ser você. Ou melhor, você em especial, mas também sua consciência co-criadora de futuros potenciais, que é o seu Eu Holográfico®.

> Quem determina a saúde das moléculas, a vibração das células, o bem-estar físico, mental e emocional, e até mesmo a sua beleza só pode ser você.

Esses futuros potenciais são escolhidos no momento presente, a cada emoção, sentimento, pensamento e atitude de amor-próprio. Parte do interior para o exterior, de dentro do próprio organismo para a vida externa, para o Universo.

MUDANÇA INTERIOR

A mudança deve começar internamente, mesmo que você ainda não tenha total consciência sobre quais crenças se manifestam no seu Campo Quântico, no seu inconsciente. E você vai poder mudar a polaridade dessas crenças, com as reprogramações **informacionais** deste livro.

VOCÊ PODE SALTAR DE ONDE ESTÁ PARA SEU FUTURO POTENCIAL

Você pode chegar ao futuro **potencial desejado** mesmo sem saber quais são as suas crenças, dar o salto Quântico mesmo sem passar por toda a reprogramação necessária, e esse é o diferencial deste livro, pois, por meio do método Salto Duplo Quantum®, eu ensino os passos avançados para conquistar esse objetivo.

IDENTIFIQUE O QUE VIBRA DENTRO DE VOCÊ

Obviamente, se você conseguir primeiro identificar o que vibra dentro de si, isso facilita muito o percurso, pois libera as emoções negativas e o impulso até o Eu Duplo pode ser ainda mais potente. Por isso, limpe as memórias, perdoe, perdoe a si, ame incondicionalmente, seja grato, alegre e sorridente. Todas essas ações se complementam e, certamente, aceleram a mudança de polaridade vibracional rumo à ascensão e à dimensão do seu Eu Holográfico®.

O CÉREBRO NÃO SABE O QUE É REALIDADE

A Neurociência explica que o cérebro não sabe distinguir o que é real do que é imaginação. O que a mente experimenta é apenas o que você sente, dentro de si. E isso gera vibrações específicas, conexões reais e cognições verdadeiras no cérebro. A realidade, portanto, é fruto das crenças, daquilo que se acredita ou faz a sua mente ter convicção. Mas por que isso é importante?

Porque tudo o que a mente entende como verdade produz o mesmo efeito em seus genes, seu inconsciente e seu corpo, por meio de energia, vibração, frequência, cenário energético necessário, na Matriz Holográfica® ou no Universo de infinitas possibilidades, para manifestar a realidade desejada.

MODELAGEM PARA O FUTURO

O futuro começa naquilo que acredita e repercute vibracionalmente nas próprias células. O que você deve fazer e praticar, antes de tudo, para experimentar um novo futuro (sonho) é viver como se estivesse acontecendo nesse momento.

> O futuro começa naquilo que acredita e repercute vibracionalmente nas próprias células.

Ao fazer isso, você instrui os genes, transmitindo informações precisas às células, às moléculas e ao seu DNA, sobre o futuro observado e experimentado por você agora mesmo, nesse instante, em contato com o melhor futuro potencial.

CÉREBRO ALTERADO

As pesquisas da neurociência mostram ainda que o seu cérebro muda a própria morfologia ou morfogenética. Ou seja, o seu cérebro vai mudar Física e quimicamente, ao criar a expressão holográfica da realidade que deseja manifestar no Campo Quântico do Universo.

Pois tudo que você acreditar, sentir e experimentar vai produzir uma nova química na mente, alterando, consequentemente, a biologia do corpo, a estrutura vibracional das células, das moléculas e do DNA, com novas informações transferidas ao Ser Quântico, a você e seu duplo, totalmente alinhadas Física, espiritual e energeticamente à realidade ou às múltiplas escolhas que deseja manifestar.

ONDA DA CRIAÇÃO

Como você aprendeu, nós criamos um campo vibracional que entra em ressonância com outro campo vibracional no Universo. As ondas se fundem, provocam o colapso de função e a realidade, nessa ou em outras dimensões, se transformam em matéria densa.

> As ondas se fundem, provocam o colapso de função e a realidade, nessa ou em outras dimensões, se transformam em matéria densa.

Por essa perspectiva, tudo é plástico, flexível e influenciado pelo campo vibracional. Inclusive o nosso cérebro é neuroplástico, o que permite alterar, a todo instante, sinapses, conexões neurais, forma Física, crenças e memórias alojadas no interior da sua mente. Perceba que a realidade é criada por ressonância vibracional, e não por Atração Quântica.

Nós podemos alterar a Frequência Vibracional® de todas as coisas, seja do átomo, da célula, da molécula e até mesmo do DNA. E o que acontece quando você muda a frequência e a vibração das coisas?

Simplesmente, você altera a realidade exterior. A partir desse entendimento e sobre a influência das frequências na cocriação da realidade e de qualquer futuro, a seguir destaco algumas dicas para você sintonizar a faixa vibracional correta, que vai lhe permitir navegar na onda do Universo em ressonância com seu duplo Quântico, pois no emaranhamento Quântico tudo já existe.

10 PRINCÍPIOS PARA ATIVAR O DNA DA COCRIAÇÃO®

A seguir, vou listar dez princípios incríveis sobre a cocriação da realidade e do futuro desejado, pois você precisa conhecer esses fundamentos para tomar consciência sobre o poder que possui para transformar a realidade.

1. O SENTIMENTO CERTO. Para sintonizar o seu Novo Eu e cocriar seus desejos, você precisa vibrar amor e harmonia. Essas vibrações são criadas a partir da gratidão e da apreciação, que são emoções sem ansiedade. Tudo porque o Universo é um espelho vibracional e vibra na frequência do Criador e da criação. A alegria e gratidão são emoções que vibram acima de 500 Hertz.

O Universo é pura benevolência, abundância, prosperidade, riqueza, fartura e realizações plenas. Nele, não há pobreza, falta, escassez, miséria, doença, enfermidade ou qualquer forma de tristeza. Quando você sobe na escala vibracional, naturalmente entra nesse mesmo fluxo de abundância e de realizações infinitas, em sintonia Quântica com o seu Duplo.

2. OCEANOS DE VIBRAÇÕES. Esse Universo partiu de uma única onda de possibilidades e probabilidades Quânticas, por isso, nada está definido. Por meio da vibração, do movimento e da frequência de nossas ações, influenciamos a nós mesmos, nosso Eu Holográfico® Ideal do Futuro, nossa natureza celular, as demais pessoas, a rede de energia universal e a própria cocriação da realidade. Pois você está imerso em um mundo coberto por vibrações e flutuações de energia. Tudo ao seu redor está em movimento e se transforma a todo instante.

3. COLAPSO DE ONDA. Esse fundamento é muito importante para o seu despertar na sintonia com o Eu Holográfico®, pois a natureza do colapso é a própria fonte da criação. O colapso do futuro escolhido nasce no seu DNA. Ao acessar as instruções vibracionais corretas, você cocria a realidade, desperta a própria luz infinita e sintoniza o Novo Eu.

Aprendi com Amit Goswami, na formação como Multiplicadora Oficial do Ativismo Quântico no Brasil, que há uma interação entre a consciência local, que é o seu atual estado de percepção, e a consciência não local, o seu Eu Duplo, formando o colapso da realidade futura no momento presente.

A fusão do desejo presente ao sonho pretendido no espaço-tempo, fora de qualquer linearidade, permite o acesso à natureza elementar da cocriação de um futuro em sintonia com o Eu Holográfico®. Porque, quando há a projeção holográfica do desejo, as imagens são lançadas no Universo sem qualquer continuidade linear do tempo. Nesse processo, o que vale é a vibração que provoca uma ruptura no espaço-tempo, por meio das aberturas temporais, até atingir a versão ideal do seu Novo Eu e a existência do sonho projetado, antes mesmo de torná-lo real no tempo presente.

4. COMO ACESSAR A FONTE? A conexão com a fonte está na emoção e há um recurso interno potencializador desse processo. Você acessa a fonte por meio da imaginação. Ao fechar os olhos e visualizar a cena, a mesma rede de neurônios no seu cérebro será ativada perante o momento real vivenciado por você, no mesmo evento.

Como já vimos, o cérebro não sabe distinguir o que é real do que é imaginário. Não sabe separar as visões do momento em que você olha para algo ou fecha os olhos e apenas imagina. É importante saber isso porque, no momento em que você fecha os olhos, experimenta as sensações do evento escolhido, observa a realidade desejada e começa a colapsar a matriz real dos seus sonhos no mundo físico. Mas pode ser que, mesmo com o poder da imaginação, você ainda não tenha materializado nada. E isso ocorre muitas vezes.

5. DESENTERRAR SEU SONHO. Você pode impedir e bloquear seus próprios sonhos. Isso se chama Efeito Zenão. Sabe como ele opera? Logo depois de visualizar, somos contaminados por ansiedade, medo, preocupação ou aflição. Essas emoções negativas vibram muito baixo, a menos de 100 Hertz, e isso provoca a anulação de qualquer desejo futuro manifestado no presente, ao impedir o decaimento atômico da partícula.

O Efeito Zenão Quântico pode acontecer no momento em que você duvida do próprio desejo e da manifestação da energia da cocriação. Como o exemplo de um carro: se você carrega crenças de escassez, acha que seu salário não comporta ou mesmo não se sente merecedor de um carro novo, com certeza não vai materializar. Toda essa sensação negativa vai anular o decaimento atômico das partículas e, nesse momento, o desejo ou o sonho do carro, simplesmente, dissolve.

6. EXPERIÊNCIA MENTAL. Para cocriar e materializar todos os meus desejos e sonhos, trazendo-os do futuro e da não localidade para o meu momento presente, eu visualizei, experimentei e vivenciei todos, primeiramente, na minha mente e no meu coração. Pois eu sabia que já eram reais no Mundo Quântico e precisava apenas sintonizá-los por meio de uma verdadeira experiência mental. Você também deverá fazer isso se quiser alcançar seus mais sinceros êxitos de cocriação futura na vida.

7. SOLTAR. Para cocriar o futuro desejado no Campo Quântico e sintonizar a frequência do Novo Eu, precisei aprender a soltar. Livrar-me das preocupações excessivas e respeitar o tempo do Universo. Foi assim que colapsei e ainda hoje colapso todos os meus sonhos, entendendo qual é a verdadeira natureza da fonte e do colapso de onda. Você também deve delegar seus desejos aos desígnios de Deus, acreditar, ter fé e confiar na sua natureza divina.

8. FREQUÊNCIAS QUÂNTICAS QUE CRIAM O FUTURO IDEAL. Quais são e ao que estão atreladas as frequências da cocriação? **As mais poderosas de todas são o afeto e a apreciação.** Certamente, estão atreladas a uma natureza livre, aberta, fluídica e extraordinária, apoiada na frequência do amor, da gratidão, da alegria e da harmonia. Pois todos esses sentimentos vibram acima de 500 Hertz e são compatíveis com a fonte Criadora. Tudo isso precisa estar em sinergia, alinhado vibracionalmente e em plena congruência, se você também deseja colapsar e experimentar, ainda hoje, a realidade futura que tanto sonha em contato com seu Duplo Quântico.

9. O FIM DAS OBJEÇÕES. Quando você visualiza e solta o desejo, ele passa a vibrar como uma onda ou uma energia de pensamento no Universo. Para o sonho visualizado virar matéria e o colapso acontecer, a frequência emitida precisa ser mantida. Isso significa que não devem restar dúvidas, objeções, ansiedade, preocupação ou pressa na materialização da realidade sentida, percebida, imaginada e pensada internamente.

Você deve confiar na generosidade do Criador, no tempo de produção Quântica da fonte e em suas verdades. A prática vale para qualquer coisa na vida. De volta ao exemplo do carro: você deseja um automóvel, que é uma energia que vai recebendo mais e mais energia, mais fótons, mais luz, a partir da sua visualização, da vibração e do seu desejo iminente. Essa energia começa a densificar, tomar forma, aderência e composição material até o momento em que o carro entra e está colapsado na sua garagem.

10. ENERGIA EMOCIONAL. Tenha essa consciência e desperte para a realidade que deseja viver e experimentar agora mesmo, antes de ela virar matéria no mundo físico. Pois tudo, absolutamente tudo, é energia. A doença é energia, a saúde é energia, a pobreza é energia, a abundância é energia, a prosperidade é energia, o dinheiro é energia, o carro dos seus sonhos é energia. A partir do momento em que você ativa o pensamento com a emoção, que é o sentimento, abre o campo das infinitas possibilidades para colapsar a realidade desejada.

No caso do carro, por exemplo, minha dica é que visualize tudo com riqueza de detalhes: dirigir seu carro, tocar no volante, sentir o vento na estrada acariciando seu rosto, o cheiro dos bancos novinhos.... Ouça a sua música favorita, perceba a aceleração, viva a experiência dentro de si, pois suas células, seus neurônios, seu DNA e todo o seu Campo Quântico e relacional vão aceitar esse processo e, assim, produzir a energia necessária para entrar em fase com a Onda Primordial e colapsar o sonho desejado.

COMO CAUSAR O COLAPSO INFINITO

Existe uma onda de infinitas possibilidades em todo espaço-tempo, como se fosse uma onda que porta todos os potenciais futuros e possibilidades, a Matriz Holográfica®. Ela porta o seu desejo realizado. Poderia dizer que seu duplo está aqui? Sim, poderia, olhando por esse ângulo. Quando desejar algo, intencione com muita força, percepção e certeza do que quer, e então o colapso acontecerá! Essa onda passa a ser uma onda de probabilidades.

Para materializar o desejo, precisa manter o colapso e não decidir nada ao contrário, por meio do seu olhar magnético. Daí a importância de limpar as crenças negativas e limitadoras, pois estão vibrando. A partir do colapso, podemos determinar quais crenças existem dentro de nós. É preciso resolver e limpar tudo isso para que a criação e a manifestação da realidade seja o que você quer conscientemente.

VEJA OS 5 SEGREDOS OCULTOS DA MENTE

Segredo Oculto 1. PODER E CONTROLE. Especialistas em cérebro e cognição das Universidades de Oxford, Montreal, Columbia e Londres concluíram, por meio de testes, que 95% das nossas ações são inconscientes, ou seja, controladas e comandadas pelo aspecto inconsciente da nossa mente e do nosso cérebro.

Assim, ele comanda a maioria das ações, das atitudes, dos comportamentos e das posturas que toma parte do seu inconsciente. É ele que dirige sua vida e é isso que precisa iluminar para conseguir cocriar a realidade desejada e acessar novos potenciais futuros de maneira consciente.

Segredo Oculto 2. MARGEM CONSCIENTE. Temos apenas 5% de consciência sobre nossos atos. Porque todas as ações normais do dia a dia, como escovar os dentes, tomar banho, falar e até respirar, são coordenadas pelo nosso inconsciente. Quando fazemos uma reprogramação mental, ressignificamos crenças e alteramos a neuroplasticidade do cérebro e, então, ampliamos a margem consciente e o campo de luz da mente e do nosso cérebro.

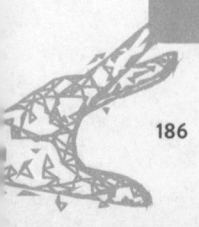

Segredo Oculto 3. COMANDO PRÁTICO. A estrutura da linguagem do inconsciente comanda a prática da fala, os gestos e as expressões corporais. Mesmo sem você saber, todas as nossas reações, positivas ou negativas, em diferentes situações e circunstâncias partem do conteúdo informacional e das crenças de nossas percepções, depositadas no inconsciente, a partir das experiências e dos aprendizados. Por isso, mudar a programação e as emoções do inconsciente vai direcionar sua rota até o futuro pretendido, a energia do Novo Eu e o campo de infinitas possibilidades.

Segredo Oculto 4. INTERPRETAÇÃO VISUAL E HOLOGRÁFICA. É por meio do inconsciente também que conseguimos captar e interpretar os símbolos e os hologramas do Universo. Pois tudo está contido no inconsciente coletivo, inclusive todas as experiências e percepções do seu duplo Quântico e de cada realidade experimentada por você nessa dimensão e em outras realidades do Universo.

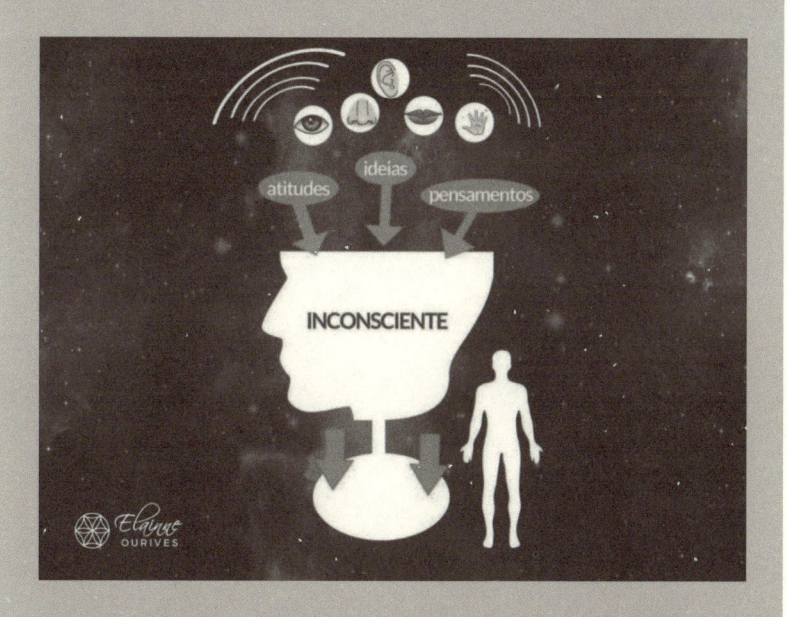

Segredo Oculto 5. VISÃO CEGA. O inconsciente consegue decodificar a maioria das informações que nos rodeiam e estão flutuando, como ondas informacionais e gravitacionais, no

Campo Quântico. Ele ultrapassa, inclusive, a capacidade de assimilação do córtex visual primário e traz informações de todas as realidades e percepções do Universo para a nossa vida atual, por meio da manifestação de intuições, sonhos, projeções e sentidos extrassensoriais, além dos sentidos físicos.

O inconsciente pessoal também está conectado, recebe e transfere informações ao inconsciente coletivo, que une todas as consciências e seres em todo o Universo. Por isso, também contém todas as respostas de que precisamos. No inconsciente coletivo, está também seu duplo Quântico, que consegue percorrer e tangenciar todas as realidades paralelas até encontrar a resposta de que precisa para a manifestação do seu desejo futuro no momento presente.

O cérebro é programado pelos sentidos humanos (ver, ouvir, tocar, chorar, registrar), e a mente inconsciente traduz as imagens e as sensações captadas dos sentidos em palavras que possam ser verbalizadas. Portanto, para experimentar o futuro alternativo, feche os olhos, concentre-se, medite e escute a voz da intuição do inconsciente.

PARTE III – EU DO FUTURO

SINTONIA COM O EU DO FUTURO

Quando você contata ou sintoniza o seu Novo Eu, você literalmente salta para o futuro alternativo, sem passar por todos os degraus, reprogramações de crenças etc. É como se levantasse uma ponte entre

> Quando você contata ou sintoniza o seu Novo Eu, você literalmente salta para o futuro alternativo.

o seu eu do presente e o seu Eu Holográfico® Ideal no futuro provável instantaneamente, superando qualquer adversidade, obstáculo físico, energético ou emocional. Justamente porque o duplo é o próprio salto Quântico no tempo e atravessa dimensões como onda Quântica, ultrapassa qualquer crença instalada na sua mente e faz você renascer para uma nova vida em estado de perfeição.

Por toda essa perspectiva, o Eu Holográfico® age como se você desse um salto no espaço-tempo até o futuro potencial eleito por você, destruindo a pessoa que você é hoje para criar um Novo Eu hoje também, porque não existe nenhuma dificuldade para colapsar a realidade instantaneamente, quando há a integração com seu eu Quântico. Pois a ponte para o futuro e o salto Quântico para a realidade futura que deseja experimentar agora mesmo são a interpretação mais precisa e perfeita que representa e define quem ou o que é o seu Eu Holográfico® Ideal, mediante o futuro alternativo escolhido nesse instante.

TEMPO DO NOVO EU

O experimento do Paradoxo dos Gêmeos, explicado pelo físico Paul Langevin, aborda exatamente esse processo, ao destacar a ideia da dilatação do tempo, a partir da observação da velocidade percebida por irmãos gêmeos, no hipotético experimento, em uma viagem espacial.

Resumidamente, o experimento analisa o ponto de vista de cada gêmeo por meio de uma viagem ao espaço. Enquanto um gêmeo permanece na Terra, o outro viaja próximo à velocidade da luz no espaço. De acordo com a teoria, o tempo, então, transcorre de maneira diferente para ambos.

Para o gêmeo na viagem espacial, há uma aceleração no tempo, e para o gêmeo na Terra, o tempo passa mais devagar. Assim, se o viajante voltasse do espaço apenas dez anos depois, como sugere a experiência, ele regressaria com uma forma Física mais jovem que a do gêmeo que ficou na Terra. Isso porque, para o gêmeo que embarcou na nave, o tempo passou mais rápido e depressa. Nessa análise, o tempo sofre influência decisiva da velocidade percebida pelo observador da realidade, que é você.

DUPLO ACELERADO

> Essa diferenciação de percepção, tempo e velocidade é o que dá base para a Teoria do Desdobramento Quântico do Tempo.

Essa diferenciação de percepção, tempo e velocidade é o que dá base para a Teoria do Desdobramento Quântico do Tempo. Para Jean-Pierre Malet, o seu Duplo Quântico ou Eu Holográfico®, como eu prefiro definir, viaja em uma velocidade muito mais rápida no futuro do que você agora no momento presente.

Seu Eu Holográfico® consegue transitar por todas as dimensões e percorrer todo o horizonte de eventos da realidade e da existência, no que a Física Quântica chama de hiperincursão, muito mais rápido que você. Seu duplo está no futuro, em todas as dimensões, ao mesmo tempo, em estado de onda, de pura energia e consciência, em perfeição, porque viaja a uma velocidade estrondosa, mais rápido que a velocidade da luz.

Por isso mesmo, ele consegue existir e você também, em estado de partícula ou onda. Em estado de onda, de pura energia, como o seu Eu Holográfico®, você consegue percorrer todas as possibilidades em frações diminutas de tempo, experimentar todas as realidades possíveis e vivenciar a realidade mais sinérgica com a vida que deseja e tanto sonha nesse momento.

CÍRCULO QUÂNTICO

Na teoria de Malet, o Universo Holográfico ou o multiverso é como uma esfera ou um círculo. Entre um ponto e outro desse círculo, está você, no momento presente, como um ponto fixo. E você está em uma velocidade mais reduzida que o seu duplo ou Eu Holográfico®. Assim como sua versão do passado, está em uma realidade mais lenta do que você hoje.

Então, se você, no presente, nessa velocidade atual, quiser chegar ao futuro, encontrará a barreira do tempo, o obstáculo físico e a própria aceleração, que é menor e mais reduzida que a do seu duplo.

Por isso, se faz necessário e é extremamente importante o contato com o Eu Holográfico® se você deseja trazer respostas precisas e encontrar soluções imediatas para o seu presente, a partir dos registros captados e transferidos pelo seu Novo Eu, em outras dimensões mais avançadas do tempo, dentro do Campo Quântico (Matriz Holográfica®).

> Nada no Universo é contínuo e tudo se move, se transforma e se movimenta como pequenos pacotes de energia intermitentes.

DUPLO QUÂNTICO E O DESDOBRAMENTO DO TEMPO

Nada no Universo é contínuo e tudo se move, se transforma e se movimenta como pequenos pacotes de energia intermitentes. Ou seja, tudo toma forma como *Quantum*, e o *Quantum* não tem qualquer posição fixa no Universo, porque ele vibra, se movimenta e passa por transformações constantes e infinitas.

Esses pequenos pacotes de energia viram realidade apenas quando existe o olhar do observador da realidade, que é você e sua capacidade, hoje ainda limitada, de percepção nessa atual realidade. Por isso, como expliquei, o que você enxerga são apenas quadros ou *frames* de luz, que piscam muito rapidamente. Ao menos é assim que você consegue captar ou perceber, quadro a quadro, a realidade na terceira dimensão.

No entanto, quando você está em estado de partícula, ou seja, matéria, nesse plano, a dificuldade de experimentar o futuro ainda ocorre porque você não vive o futuro nesse instante, pois ele está em uma aceleração diferente da sua. Ou seja, o futuro se manifesta como onda, enquanto você, na realidade atual, como partícula ou matéria. Já a percepção do passado é algo mais simples e fácil porque já está retido na memória e você o experimentou em algum ponto na vida, assim como o presente representa algo em que você vive e experimenta agora mesmo.

Então, pode-se afirmar que é a falta de percepção sobre o futuro que afasta você do contato imediato com o seu Eu Holográfico® e com futuros alternativos potenciais.

PERCEPÇÕES DO TEMPO

Por essa perspectiva, Malet, a partir da sua Teoria do Desdobramento, considera o tempo passado como uma velocidade mais lenta, o presente como algo notável (notado) e o futuro caracterizado por uma velocidade acelerada, dinâmica e intensa.

O futuro é, assim, a representação ou a percepção do salto Quântico e do seu Eu Holográfico® em pura perfeição. Nele, o seu duplo trafega rapidamente e, por isso, consegue percorrer todo o horizonte de eventos da Matriz Quântica, desse modo, experimentando todas as infinitas possibilidades.

> É a falta de percepção sobre o futuro que afasta você do contato imediato com o seu Eu Holográfico® e com futuros alternativos potenciais.

O Eu Holográfico® é como uma projeção de luz da sua consciência, que percorre um túnel circular pelo espaço-tempo e experimenta todas as possibilidades, infinitamente mais rápido que você, no atual momento e na atual realidade presente. Pois aqui, na atual realidade, você segue apenas em linha reta e continua até chegar ao futuro ou algum ponto mais à frente no círculo Holográfico do tempo.

Entretanto, o seu Eu Holográfico® é veloz e dinâmico. Ele consegue percorrer descontinuamente todas as realidades de maneira simultânea. Ele também consegue memorizar todas as melhores saídas, soluções e recursos para potencializar a sua existência e equilibrar o seu destino, em busca do futuro provável mais compatível com seus desejos atuais, no campo das infinitas possibilidades.

Você, por meio do seu duplo, vive como onda informacional na Matriz Holográfica® e está correlacionado a todas as fases do tempo e da realidade, mantendo uma comunicação indireta e direta com seus vários Eus por meio de tempos imperceptíveis.

Então vamos aprender através de dicas potecializadoras.

CINCO DICAS PARA CONECTAR SEU EU HOLOGRÁFICO® DO FUTURO

Veja, agora, alguns pontos de conexão entre você e o Eu Holográfico®. Pontos que farão você acessar a sua melhor versão no Universo Holográfico® ou na Matriz Quântica.

1. Há um intervalo no espaço-tempo entre o "Eu Consciente" e o "Eu Holográfico®". Esse intervalo é imperceptível, mas permite a troca de informação entre esses dois tempos diretamente na memória do futuro ou no registro akáshico da realidade. Isso se chama, segundo a Física Quântica, "hiperincursão".

2. Isso é possível porque você existe como dualidade da matéria. Ou seja, como partícula e onda ao mesmo tempo. Corpo e energia. Você pode acessar, por meio de incursões mentais projetadas por energia ondulatória (estado de onda), qualquer futuro escolhido no espaço-tempo.

3. A realidade desejada é fabricada pelo potencial de cada pensamento. Por isso, toda vez que você pensa sistematicamente em algum futuro, automaticamente inscreve de modo vibracional a mesma realidade no fluxo do tempo e na Matriz Holográfica®. Seja para o bem, seja para o mal. O futuro em sintonia com o Eu Holográfico® começa com a faísca Quântica do seu pensamento e o desejo mais intenso em sua mente.

4. Temos dois mundos idênticos que existem em tempos e velocidades diferentes. Em cada mundo, há um eu de você. Um deles, de acordo com Malet, é mais rápido e o outro mais lento. O mais rápido está

no futuro e o mais lento no presente. Por meio da visualização holográfica, da meditação Quântica, do processo criativo e de imaginação, você consegue romper a barreira do espaço-tempo e acessar o mundo mais acelerado. Ou seja, com maior velocidade, compatível com o futuro, antecipando informações e trazendo conteúdos precisos para manifestar em sua vida no momento presente.

5. Você pode obter as informações do futuro pelas aberturas temporais imperceptíveis. Mas como? Pela manifestação do seu corpo mental e energético, projetado por sua mente e sua consciência, permitindo o salto Quântico para qualquer realidade desejada, em diferentes frações do tempo. Isso nos permite, pelo corpo energético, experimentar rapidamente o futuro e informar as células, as moléculas e o DNA sobre o futuro provável escolhido pelo duplo Quântico. O melhor estado para ingressar nas aberturas temporais e acessar o futuro do seu duplo é o estado de dormência ou quando se está prestes a acordar. São nesses instantes que a barreira do tempo é rompida e suas visualizações de futuro e do seu Eu Holográfico® são colapsadas no momento presente.

POTENCIAIS CORRESPONDENTES

Quando um pensamento nasce e é criado em sua mente, automaticamente ele passa a fabricar novos pensamentos iguais a si, fabricando futuros potenciais para vivenciarmos, o que Malet chama de "todos os potenciais correspondentes". Que seria o mesmo que futuros alternativos, citados por Joe Dispenza, ou no meu método, infinitas possibilidades em superposição quântica, aguardando você vibrar para serem experimentadas por seu Duplo Quântico.

Esses potenciais correspondentes são memorizados por você e seu Novo Eu em um tempo imperceptível, como vimos. Os registros dos futuros e as experiências do seu Eu Holográfico® ficam gravados nessa camada da existência e você pode coletar as informações pelas aberturas temporais. O resultado desse esquema é que você vive as consequências desses pensamentos, mesmo sem saber ou ter total consciência. O exemplo mais claro disso é explicado quando sentimos, percebemos ou notamos fatos e acontecimentos mesmo antes de eles acontecerem no plano físico.

São sensações e percepções extrassensoriais classificadas como intuições e todo tipo de alerta captado por nossa antena cósmica, possivelmente trazidas diretamente do futuro, do tempo imperceptível, onde habitam os futuros alternativos e todos os seus Eus Holográficos®. Bingooo!!

ANTECIPAÇÃO DA VIBRAÇÃO

O mais incrível é que essas informações transferidas para a realidade atual passam a existir, até meio segundo antes de serem notadas e percebidas pelo cérebro. Ou seja, os eventos futuros são decodificados e viram realidade até meio segundo antes de o cérebro tomar consciência e perceber a interação cognitiva criada pelo evento captado do futuro existente, diretamente nesse tempo imperceptível do tempo ou da realidade, com infinitos potenciais correspondentes.

A explicação para esse fenômeno é muito simples e está correlacionada ao desdobramento Quântico do tempo, pois o tempo não é o mesmo em tudo, ele se desdobra em diferentes fases. Trata-se do princípio da antecipação, tese defendida por Albert Einstein, também conhecida como Teoria da Relatividade Especial. Por isso mesmo, Malet acredita que somos, na verdade, seres extratemporais, porque conseguimos antecipar o futuro e viver todas as consequências do que pensamos e projetamos holograficamente.

Mas o que é antecipação? Trata da velocidade impressa em um tempo dilacerado e acelerado. Isso estaria alinhado, na visão do cientista, com a equação $E=mc^2$ – energia igual massa e velocidade da luz ao quadrado –, que dá toda a sustentação à Teoria da Relatividade Geral. Ou seja, energia em movimento e totalmente acelerada. Eu chamo isso tudo de Emosentizar® ou Ativação Emosentizar® Hertz, que você aplicará, ainda neste capítulo, antes da prática do método Salto Duplo Quantum®.

Você Emosentiza® quando acelera a velocidade do pensamento, pelo poder da sua emoção em alta vibração, difundida

> Você Emosentiza® quando acelera a velocidade do pensamento.

ao Universo Holográfico por meio do seu Campo Quântico (Matriz Holográfica®). Pois essa é a fórmula exata e poderosa, como descrevi, para interferir na Matriz Holográfica®, criar potenciais correspondentes e futuros alternativos em fase com seu Eu Holográfico®.

A partir dessa perspectiva, o que a Teoria do Desdobramento demonstra e o poder da Emosentização® reforça é que o tempo é uma variável. Por isso, ele é inconstante e pode ser alterado, dependendo da ação da velocidade, que pode ser da luz, da dinâmica atual que vivemos no presente, velocidades ainda desconhecidas no Universo. Outra variável interessante é que a velocidade da luz ou as velocidades superluméricas independem do olhar do observador ou mesmo da fonte, que é o Vácuo Quântico. E isso se chama de Paradoxo de Einstein.

O PENSAMENTO DÁ FORMA AO FUTURO ALTERNATIVO

O que pode definir o futuro que você vive hoje, que não depende do olhar do observador da realidade e é indiferente a ele? O pensamento dá a forma e a Emosentização® cocria a realidade. Sejam pensamentos intrínsecos a você ou os chamados pensamentos sugeridos, que são captados pela mente, pelo tempo imperceptível ou pelos futuros extratemporais sem que você sequer perceba de maneira inconsciente, reforçando, novamente, a ideia da teoria da antecipação, citada há pouco.

> O que pode definir o futuro que você vive hoje, que não depende do olhar do observador da realidade e é indiferente a ele?

O futuro potencial começa quando você consegue comandar os pensamentos e direcioná-los a uma expressão interior de benevolência. E isso vai adquirindo força, frequência, emoção e velocidade. Você, sem dúvida, vai Emosentizando® todo esse processo. O seu pensamento, então, trafega em outras dimensões, em outros mundos, entra em contato com seu Duplo ou seu Eu Holográfico®, em pura perfeição, fabricando todas as possíveis e infinitas consequências ou possibilidades. Essa é, na visão de Malet, em parte da minha ideia de cocriação de futuros alternativos, a síntese do que seria a antecipação a partir do impulso do pensamento.

EMOSENTIZAÇÃO® – SUA FÁBRICA DE SONHOS

A Emosentização® cocria, sintoniza, atrai, acessa, colapsa, manifesta e materializa, ou seja, desenvolve absolutamente tudo. A consciência pelo pensamento dará a forma inicial. Por isso, o domínio dos pensamentos é algo essencial na vida, pois eles determinariam todos os futuros possíveis, prováveis e novas percepções materializadas no momento presente, tanto na sua vida como na de outras pessoas, porque tudo se afeta mutuamente. Seus pensamentos são criadores potenciais e tudo aquilo que você pensa pode ser vivido.

Logo, tudo que pensamos sobre o outro, desejamos para as pessoas, está cocriando (sua, minha) experiência e realidade atual. Pense o que desejaria que os outros pensassem sobre si, pois essa estratégia também vai criar um escudo Quântico, proteger sua vida e, ao mesmo tempo, reverberar positivamente em todo o mundo e no cosmos.

COMO ANTECIPAR O FUTURO

Nem tudo o que você aprendeu até aqui precisa ser aplicado para acessar seu Novo Eu e manifestar a realidade desejada. Especialmente porque você pode mudar o futuro a cada instante pelas aberturas temporais. Quando essas aberturas estão livres, de par em par, isso permite, naturalmente, a circulação das informações entre passado, presente e futuro, por meio do tempo e das velocidades de transmissão dos dados.

E a velocidade é a luz em diferentes frequências e estados, como no caso das velocidades chamadas de luméricas ou luminosas, que são mais rápidas que a velocidade da luz, e permitem a antecipação de acontecimentos e eventos importantes na sua vida. Ou seja, nessa velocidade, você consegue receber respostas precisas quanto a seus questionamentos e suas perguntas, antes mesmo de terminar a pergunta.

Incrível! Somos criadores e vivemos as consequências dos pensamentos. Você pode construir potencialmente algo positivo ou, então, ajudar a criar um futuro de caos para você ou para os outros. Tudo isso sem desconstruir todas as suas crenças ou passar por um intenso processo de reprogramação mental e vibracional. Em razão da existência das aberturas do tempo, você aprendeu como acessá-las e tem a liberdade para escolher qualquer futuro alternativo.

> Somos criadores e vivemos as consequências dos pensamentos.

A escolha é sua e o poder para dominar os pensamentos também. Tudo porque os pensamentos governam a realidade, mas existem mecanismos que potencializam esse recurso, como a ação da Emosentização® – que chamo aqui, neste livro, de Ativação Emosentizar® Hertz –, para acessar seu Novo Eu e cocriar tudo o que sempre sonhou, com informações privilegiadas trazidas do futuro.

CÓDIGO DE BARRAS QUÂNTICO – ASSINATURA VIBRACIONAL ELETROMAGNÉTICA®

No meu curso Holo Cocriação de Objetivos, Sonhos e Metas, eu ensino como medir a Frequência Vibracional. Aqui, vou ensinar como mudar o seu endereço vibracional no Universo, seu Código Vibracional. Criei a fórmula específica para elevar e definir a sua nova Assinatura Vibracional® no Universo, que possibilitará o contato com seu Eu Duplo no Universo.

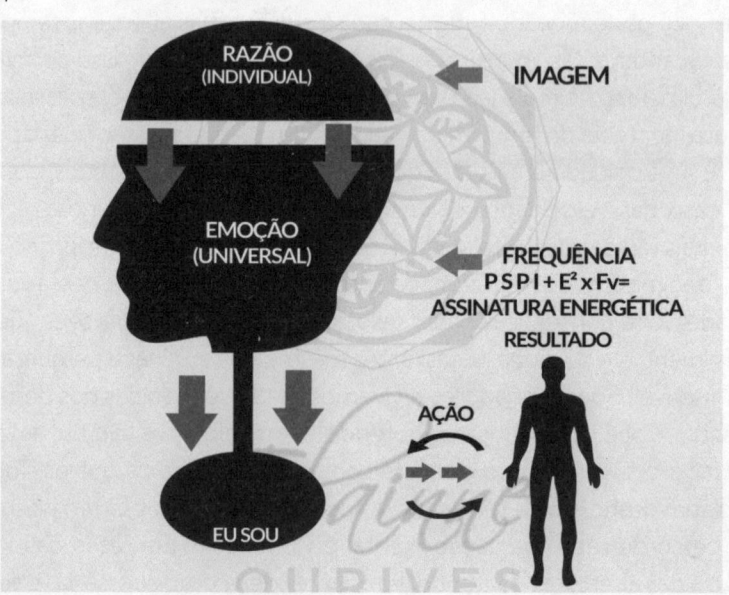

$$P\ S\ P\ I + E^2 \times Fv = \text{Assinatura Quântica}^®$$

Pensamentos – Sentimentos – Palavras – Imagem + Emoção ao Quadrado × Frequência Vibracional®

O resultado de todas essas forças da natureza e poderes inatos à consciência forma a Assinatura Vibracional® ou o código de barras energético de cada pessoa, que também se aplica ao Eu Holográfico® do futuro. A seguir, uma breve explicação sobre o significado e o sentido de cada elemento separado da ação ou da Ativação Emosentizar® Hertz. Expliquei essa fórmula detalhadamente no meu livro *DNA Milionário®*.

P - PENSAMENTO

O pensamento tem poder para acionar a vibração da sua nova Assinatura Vibracional® que sintonizará você com seu Novo Eu.

S - SENTIMENTOS

O sentimento dá a consistência Quântica e compõe a vibração da Matriz Holográfica®. Ou seja, cria o modelo da realidade e potencializa o seu poder para a cocriação da realidade, especialmente quando você aciona a ação e a Ativação Emosentizar® Hertz, acelerando a potência de suas emoções.

P - PALAVRAS

As palavras são Quânticas e, quando acionadas com o poder do Eu Sou, são ainda mais potencializadas por você na projeção do seu futuro ideal. Elas são lançadas ao Universo e refletem na Matriz Holográfica® com frequência, energia e vibração.

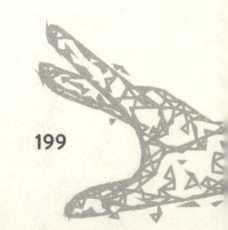

I- IMAGENS

As imagens são as representações e as expressões máximas do Universo. Por elas, tudo se multiplica, repercute e se expande. O Universo partiu de uma imagem arquetípica original, chamada Flor da Vida. A emanação das imagens interfere na consistência Quântica do Universo, da matriz ou da substância amorfa. Ao projetar qualquer imagem na matriz, você modifica suas estruturas elementares e Quânticas. Você pode cocriar a realidade futura em contato com seu Eu Holográfico® com o uso das imagens, e potencializar a energia do seu Campo Quântico. Ou seja, elevar a vibração e o nível de percepção sobre a sua Assinatura Energética.

E - EMOÇÃO AO QUADRADO

A última parte da fórmula da Assinatura Energética tem relação com a famosa equação de Einstein ($E=mc^2$). É possível fazer um paralelo e partilhar a essência dos pensamentos para a compreensão do Universo e para a cocriação da realidade futura, em fase com o duplo e conexão com o presente.

É possível adaptar a fórmula de Einstein à proposta da Matriz Holográfica® e para a cocriação universal em sintonia com o Novo Eu e realidades paralelas. Para efeito comparativo, a fórmula para uma nova Assinatura Vibracional®, no caso da parte da energia (E^2), corresponde à Emoção ao quadrado. Uma emoção elevada, potencializada e impulsionada, em ação e em pleno movimento no Universo.

Isso tem total coerência com a cocriação de futuros alternativos e com a Emosentização® Hertz porque se associa também com o poder dos sentimentos e a força eletromagnética emitida pelo campo do coração. Justamente porque a emoção elevada é um fator determinante para você manifestar a vibração necessária para criar e produzir o holograma dos seus sonhos direto no Vácuo Quântico ou na Matriz da Realidade Holográfica®, na própria Mente de Deus, com seu Eu Holográfico®. Perceba, nesse ponto, que há uma simbiose perfeita no processo emocional, com a fusão de seus sentimentos elevados e pensamentos potentes e harmônicos.

FV - FREQUÊNCIA VIBRACIONAL®

A Frequência Vibracional® é o seu código de barras. Ambos culminam na Ativação Emosentizar® Hertz, pois tudo se traduz em frequência, na velocidade dos átomos que forma o seu campo e como você se manifesta no Universo.

Quanto mais veloz e consciente sobre a realidade vibracional, maior a probabilidade para colapsar os próprios desejos futuros, em contato com seu Novo Eu, no momento presente. Além disso, você pode acelerar ainda mais a sua frequência e ampliar seu nível de consciência, ao buscar o profundo conhecimento de si mesmo – identificando suas principais emoções, sentimentos, pensamentos e crenças.

E se preciso for, deverá promover uma autêntica limpeza para liberar espaço no seu inconsciente e manifestar uma nova frequência, a própria frequência original da criação holográfica, em simbiose com a energia essencial do Universo, expansiva, alegre, afetuosa, harmônica e totalmente agradecida ao Criador, em uma vibração de alto nível, na faixa da iluminação em 1.000 Hertz. "Vós sois Deuses", volto a repetir a mensagem divina. De fato, você e todos nós somos.

EMOSENTIZAR® HERTZ - ASSINATURA VIBRACIONAL ELETROMAGNÉTICA®

Esse conceito inédito no mundo, criado por mim, faz a conexão entre todos os fundamentos apresentados neste livro para produzir sua verdadeira Assinatura Energética, ativar o poder vibracional do DNA e manifestar, de forma livre no Universo, pelo seu Eu Holográfico® do Futuro, reprogramando cada um dos seus sonhos mais incríveis com muito mais potência e de modo muito mais acelerado, para transformar desejo em realidade Física.

A ideia, aqui, é usar a fórmula citada anteriormente, criar sua Assinatura Vibracional® e, com isso, ativar o DNA da Cocriação®, em sintonia com o Duplo Quântico. Mas, depois, soltar a emoção em ação no Universo e no mundo. Eu chamo essa ação, como me referi antes, de Ativação Emosentizar® Hertz. E como fazer isso?

Basicamente, você precisa colocar emoção em algum sentimento desejado, como, por exemplo, o amor que busca, para promover o colapso de onda e cocriar a realidade. Depois de fazer isso, deve apenas soltar seu desejo e deixar o Universo providenciar a matriz e o holograma do seu sonho no plano físico.

SENTIMENTO ATIVADO

Você precisa, então, criar uma emoção para transformar a energia pensada ou percebida, dentro de si, em matéria. Isso significa dar emoção ao sentimento para criar a frequência elevada, que vai garantir potência vibracional para colapsar a realidade e manifestar o duplo do futuro.

Esse alinhamento todo significa Emosentir® ou Emosentizar® Hertz, ou seja, promover o alinhamento vibracional do que sente, da emoção que gera dentro de si e da ação que executa no Universo em correlação Quântica e correspondência energética com o seu desejo. Por isso, eu pergunto: quais são as palavras que você fala no dia a dia? Quais sentimentos vibram dentro de você? Que ações toma em direção aos seus sonhos? O que você nutre na mente, que alimenta no coração e aplica com a razão? Os resultados da sua vida representam a essência da sua natureza interior.

CÓDIGOS PARA ACELERAR A COCRIAÇÃO E SINTONIZAR O EU HOLOGRÁFICO®

Existem alguns "Códigos Quânticos" que influenciam diretamente a projeção e a reprogramação acelerada da realidade. Eles estão alicerçados nos princípios da cocriação da realidade e nos fundamentos da Física Quântica, que venho apresentando a você ao longo do livro.

1. CÓDIGO QUÂNTICO® – O OUTRO NÃO EXISTE. Para o Universo, o outro não existe. A única coisa que representa você e seu duplo é o seu padrão de energia ou Frequência Vibracional®. A sua Assinatura Vibracional®, o que você manda, em termos de energia, frequência e vibração.

2. CÓDIGO QUÂNTICO® – ARQUÉTIPOS HOLOGRÁFICOS. Existem arquétipos e imagens específicas que abrem canais sensoriais e estelares para magnetizar desejos e acessar a versão ideal do futuro. Os arquétipos estão relacionados com a existência da humanidade e com o próprio Universo. Eles são a forma real para nos comunicarmos com tudo, com o Novo Eu e todas as coisas, inclusive com o Universo.

3. CÓDIGO QUÂNTICO® – CERTO E ERRADO. A mente não distingue o que é certo do que é errado. Existe o seu certo e o seu errado. A outra pessoa tem o certo dela e o errado dela. Porque todos nós olhamos com os nossos óculos. Você está olhando a realidade – seja a Física, seja a holográfica do Novo Eu –, de acordo com sua visão de mundo, com seus óculos, com a consciência que você tem.

4. CÓDIGO QUÂNTICO® – COMO O INCONSCIENTE É REPROGRAMADO. Para liberar espaço para o Novo Eu, é preciso limpar, limpar, limpar. Limpar a casa significa esvaziar as crenças, os bloqueios e os sabotadores.

5. CÓDIGO QUÂNTICO® – COMO PASSAR PELA BARREIRA DO TERROR. Se você ainda não alcançou seus desejos nem acessou o Novo Eu, significa que você não superou a "Barreira do Terror", conceito fundamentado por Bob Proctor. Essa barreira ocorre quando seu inconsciente tenta proteger você de algo. Eu chamo isso de véu. O que precisa fazer, a partir de agora, para sintonizar o Eu Holográfico® é se libertar das correntes emocionais e vibracionais que impedem a realização dos seus sonhos.

6. CÓDIGO QUÂNTICO® – COMO REPROGRAMAR CRENÇAS PARA MUDAR A REPROGRAMAÇÃO DA MENTE. Para acessar o Novo Eu, a melhor ação é limpar as emoções negativas do inconsciente e liberar todo pensamento confuso da mente. Para isso, você deverá vibrar amor, como aprendeu até aqui, elevar sua vibração para uma energia acima de 500, 600, 700, 1.000 Hertz, vibrando na luz, na alegria e na gratidão incondicional.

7. CÓDIGO QUÂNTICO® – PROCESSO DO COLAPSO – 68 SEGUNDOS NA MESMA VIBRAÇÃO PARA COCRIAR A REALIDADE. Para cocriar a realidade, acessar seu duplo ou qualquer desejo de riqueza e prosperidade, por exemplo, é necessário manter esse pensamento por 68 segundos ou mais, vibrando na mesma frequência. A fusão se dá ao manter qualquer pensamento, positivo ou negativo, de maneira pura (o que significa não contradizer, nem duvidar ou interferir) por dezessete segundos. Ao final desse tempo, outro pensamento se junta a ele. Com isso, cria-se uma verdadeira combustão, o que os cientistas da Física Quântica chamam de colapso da função de onda.

8. CÓDIGO QUÂNTICO® – MENTE RESPONDE PELO EMOCIONAL. O Universo é uma projeção da sua mente. Mas, quando você pensa em algo, produz emoções que, por sua vez, geram vibrações específicas. Essas vibrações vão aproximar elementos de mesmo padrão. Portanto, pensar é o mesmo que pedir.

DEZ SENHAS DO DNA DA COCRIAÇÃO®, PARA HOLOCOCRIAR SUA NOVA VERSÃO E DESCONSTRUIR QUEM VOCÊ É

Ao longo dos meus estudos sobre cocriação e sintonia com o duplo Quântico, eu decodifiquei dez senhas do *DNA da Cocriação®* para você alcançar tudo que quiser. Acessar o futuro alternativo, cocriar sua vida, resolver problemas, tudo! São técnicas, reprogramações, visualizações e recursos poderosos.

1. HOLODETOX® – LIMPEZA VIBRACIONAL. Para aumentar a frequência e nivelar o padrão vibracional das dimensões, incluindo a dimensão do Novo Eu, mais propensas para a cocriação de sonhos, você vai precisar aumentar sua vibração. E, para isso, precisa limpar o lixo que carrega dentro de si. Mágoa, ressentimento, sentimentos de escassez e de não merecimento, angústia, todo o lixo que trava a sua vida. Para essa profunda limpeza, pode usar minhas técnicas como a Técnica Hertz®, Emosentizar Hertz®, Ho'oponopono Quântico, Ativação Pineal DNA

HEALING®, que está nos QR Codes, áudios de reprogramação mental e vibracional, mantras, meditações, visualizações e o poder do silêncio.

2. **HOLOFRACTOMETRIAS® – ARQUÉTIPOS, GEOMETRIA, IMAGENS.** Aprender a pensar em imagens. Imagens em movimento, criar um filme mental tem poder dez vezes maior. Com imagens em ação, você consegue acelerar sua frequência para cristalizar a energia da cocriação e o acesso ao seu Eu Holográfico® do Futuro.

   As Holofractometrias®, criadas por mim, trazem a fusão de vários elementos Quânticos, imagens holográficas, arquétipos vibracionais e representações simbólicas em movimento para ajudar no processo de reprogramação mental, eliminação de crenças e potencial vibracional em poucos minutos de visualização. Com isso, ajudam a mudar a representação interior, fortalecer o sentimento de materialização de qualquer desejo e a certeza da cocriação imantada no Campo Quântico e dentro de cada consciência.

3. **HOLOCOPY® – DESENHAR E ESCREVER.** A Holocopy® é um exercício acelerado. Você utiliza os níveis mental, Quântico, vibracional e emocional quando está escrevendo o que deseja. Envolve toda a sinestesia no ato de escrever e desenhar, pois ajuda a alinhar, vibracionalmente, os valores de cada pessoa com os sonhos emanados ao Universo. Ao escrever e desenhar, você não apenas vê o que está fazendo, usando poder da visualização, mas também ouve seus pensamentos e sente por meio da fisiologia, o que apresenta um poder três vezes maior.

4. **HOLOPROJEÇÃO® – PROJEÇÃO MENTAL E HOLOGRÁFICA.** O acesso ao Eu Holográfico® e à realidade desejada pode ser projetado no espectro do Unohologram®, que é a projeção universal da realidade sonhada. Vale destacar que essa projeção faz parte dos recursos da Neurobótica. Para você colocar em prática agora mesmo esse recurso, siga os comandos a seguir:

   Imagine que você está olhando para o seu sonho – insira todos os detalhes. Quando finalizar, flutue em direção a ele e entre no sonho.

como se vestisse o seu corpo por meio de uma fantasia. Vista seu corpo, seus braços, seus olhos. Quando entrar no seu corpo, experiencie seu sonho em um filme de cinco minutos, em movimento, com sequência de cenas. Exemplo: se você estivesse palestrando, crie um filme, como um Ensaio Holográfico. Imagine-se saindo de casa, pegando seu carro, chegando ao local do evento, colocando o microfone etc.

Essa prática contém recursos visuais tecnológicos para amplificar o poder da cocriação holográfica dos sonhos, antes mesmo de se tornarem realidade, diretamente no mundo subatômico do seu Eu Holográfico® do Futuro.

5. **HOLOMOTRIZ® – FISIOLOGIA COMO MUDANÇA DE REPRESENTAÇÃO INTERIOR DA SUA IMAGEM ATUAL.** A ação e o movimento da fisiologia são fundamentais em todo o processo de cocriação da realidade e de acesso ao Novo Eu. Esse processo é chamado de Holomotriz® porque a fisiologia é a forma e a força motriz um recurso notável que indica a mudança de percepção da realidade, por meio dos sinais químicos, elétricos e emocionais percebidos em todo o corpo, no momento de visualização e de projeção da realidade desejada, porém experienciada em seu corpo.

Por exemplo: para visualizar que você é poderoso, confiante e seguro, levante sua cabeça Física (partícula) e onda (mental), estufe o peito, erga os braços, com semblante de vencedor. Contudo, você usa esse recurso no seu corpo físico aliado à imagem que criou mentalmente. Isso aumenta em 75% o poder de mudar a realidade.

O objetivo desse poderoso recurso é fazer a mente acreditar que o desejo já é real, porque ela acredita com facilidade quando sua ação, seu comportamento e sua fisiologia são congruentes com o pensamento criado na mente. Não existe conflito, é instantâneo. Com isso, vai gerar a vibração necessária em volta do corpo e do Campo Quântico, para elevar a frequência na faixa da cocriação da realidade no Universo, acima de 500 Hertz, segundo a Escala Hawkins, ativando de maneira fácil o que as pessoas passam anos tentando.

Essa estrutura une rapidamente os três elementos correlacionados ao processo de expansão da própria fisiologia: *Palavras – Coração – Mente.*

6. **HOLOATÔMICA® – NÍVEIS DE GRATIDÃO – AMOR, ALEGRIA, HARMONIA, AFETO, APRECIAÇÃO = HOLOATÔMICA!** O termo também representa a aplicação dos três principais níveis de gratidão da consciência, com o poder de ativar a cocriação e elevar a Frequência Vibracional®.

Existem três níveis ou fases que podem ser expandidos por seu Campo Quântico:

- **Holoatômica® nível 1: Frequência da Emoção.** Gerada a partir de sentimentos verdadeiros de gratidão. Significa que sempre que se sentir grato, você passa a vibrar gratidão eletromagneticamente no seu campo. Essa vibração começa a sintonizar e acessar mais do mesmo sentimento, para que você possa experienciar mais disso.

- **Holoatômica® nível 2: Frequência da Intenção.** Temos a frequência da gratidão por meio da intenção, que é a energia cognitiva, criada a partir da vibração dos nossos pensamentos. Do mesma modo, essa energia também volta para o seu campo.

- **Holoatômica® nível 3: Frequência Física.** É a energia Física, criada a partir do corpo e das suas ações de gratidão consigo mesmo, com outras pessoas, com seus pais, sua cidade, seu bairro, seu mundo, com a natureza e com o Universo. É o que você retribui em forma de ações reais, em forma de gratidão, ajuda, colaboração e solidariedade por tudo que você tem. Isso repercute no seu corpo, na sua vibração Física e é espelhado ao Universo, que devolve na mesma proporção em torno do seu campo, na esfera de energia eletromagnética ao seu redor.

7. **HOLOAFORMAÇÕES QUÂNTICAS®.** O escritor norte-americano Noah St. John criou o conceito de aformações – perguntas feitas a nós mesmos, que fazem com que o cérebro traga a resposta como se fosse verdade. Com base nesse conceito, criei

as HoloAformações Quânticas®, o conceito e a prática de perguntas poderosas que pesquisei e apliquei em minha vida. Elas me ajudaram a acessar meu Eu Holográfico® e cocriar a vida dos meus sonhos. São tão poderosas que obrigam o cérebro a criar uma nova linha de raciocínio assumindo o sentimento de que tudo o que deseja já é realidade. As HoloAformações Quânticas® fazem o cérebro gastar energia para procurar a resposta e ver que aquilo já é real.

EXEMPLOS DE HOLOAFORMAÇÕES QUÂNTICAS®

- Por que eu mereço reconhecimento profissional?
- Por que eu mereço viver o amor de verdade e encontrar a minha alma gêmea?
- Por que é tão fácil e prático comprar a minha casa própria?
- Por que o Eu Holográfico® do Futuro sempre traz respostas e soluções para a minha vida?
- Por que eu consigo pedir qualquer coisa ao meu duplo e ele sempre me responde afirmativamente?
- Por que eu consigo materializar tudo que sempre desejo, ao conversar com meu Eu Holográfico®?
- Por que meu Eu Holográfico® sempre traz confirmações sobre os pedidos que faço ao Universo?
- Por que eu tenho acesso livre ao meu futuro alternativo, potencial e provável?
- Por que eu mereço conquistar todos os meus desejos em tempo recorde?
- Por que eu posso materializar a vida dos meus sonhos em contato com meu duplo Quântico?

8. **HOLOAFIRMAÇÃO®.** As HoloAfirmações® confirmam algo como verdade, trazem a identificação e a confirmação do Novo Eu Sou. Estão associadas ainda às afirmações positivas e aos decretos Quânticos de cocriação e realidades materializadas. Você faz as HoloAfirmações® em conjunto com as Visualizações

Holográficas® do seu desejo. Normalmente, se associa ao evento que deseja. Além de HoloAfirmação®, pode observar a si manifestando e concretizando o seu desejo ao mesmo tempo.

Isso gera uma energia de alta potência, faz você acessar o seu Eu Holográfico® do Futuro. Exemplo: quando estiver olhando para o seu sonho, diga para si mesmo enquanto olha e sente: "Eu sou amor, eu sou sucesso, eu sou o melhor do mundo naquilo que faço, eu sou reconhecido e admirado por todos".

9. **HOLOPOLARIDADE® – FREQUÊNCIA VIBRACIONAL®.** Nesse recurso, você deve polarizar a emoção de acordo com o seu sonho. Se você está visualizando sua prosperidade, precisa ancorar a imagem com a Frequência Vibracional® correta. Nesse caso, a gratidão – sentindo a gratidão transbordando de dentro de você com muita alegria e felicidade. Sem essa polarização, nada acontece. Aqui, você alcança o equilíbrio vibracional perfeito e consegue enviar o sinal correto para o Campo Quântico, ao sentir alegria, entusiasmo, paixão e certeza na materialização do seu desejo.

10. **HOLODECRETO® – COMANDOS E DECRETOS QUÂNTICOS.** Existem vários decretos Quânticos e códigos secretos para desobstruir todos os canais sensoriais do campo eletromagnético. Comandos são ordens que você dá ao Universo e ao seu corpo. Você manda e está no comando. Os decretos são senhas informacionais que executam aquilo que você precisa. **Exemplo:** Eu sou confiante.

> *"Eu, (seu nome), estou no comando da minha vida, sou consciência de luz, sou amor e totalmente capaz de..."*

Antes de seguir para a prática do método **Salto Duplo Quantum®**, você precisa acelerar a emoção do seu desejo até alcançar a alta frequência do seu Eu Holográfico®. Para isso, você aprenderá também a executar a Ativação Emosentizar® Hertz. Essa ativação permite a sintonia com seu Eu Holográfico® do Futuro em alta frequência. Ela atinge diretamente o chacra do coração e expande em tempo recorde.

TÉCNICA ATIVAÇÃO EMOSENTIZAR HERTZ®

Nessa prática vibracional, você vai colocar toda a assinatura energética, o seu código de barras em alinhamento e em unicidade com a Matriz Holográfica® e o seu eu ideal. A prática é uma versão avançada da Técnica Hertz® integrada à ação de Emosentizar®, com a função específica de limpar os cadeados emocionais que ainda podem estar impedindo a expansão da sua consciência para sintonizar o novo eu e experimentar o futuro alternativo que deseja nesse momento. Com essa prática poderosa, você vai abrir os cadeados e cocriar desdobrado no tempo.

Você pode acessar a técnica completa a partir do QR code:

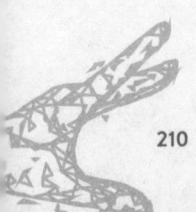

PARTE IV – MÉTODO SALTO DUPLO QUANTUM®

Agora você está pronto, acelerou a sua emoção para sintonizar seu Novo Eu. Depois de ver até aqui teoria, explicações, evidências científicas e concei-

Agora você está pronto, acelerou a sua emoção para sintonizar seu Novo Eu.

tos introdutórios da Física Quântica e da cocriação da realidade para manifestar o futuro alternativo em contato com seu duplo Quântico, vamos ao passo a passo do método Salto Duplo Quantum® para você acessar o seu Eu Holográfico® Ideal, atingindo um novo nível de conhecimento e de experiência sobre a realidade.

São as **10 Fases da Cocriação Quântica Desdobrando no tempo**, que vão impulsionar você até o seu Eu Holográfico® e a um novo destino de realizações no momento presente.

PULANDO FASES

O Salto Duplo Quantum®, criado por mim, permite pular de onde você está para a vida dos seus sonhos. Poderíamos dizer pular, saltar as fases e cortar (transformar, transmutar) todos os obstáculos no espaço-tempo para cocriar seus sonhos futuros no instante presente. Pois o método possibilita um avanço acelerado e o acesso imediato ao seu duplo, que é seu eu perfeito, o seu eu divino, seu Eu Holográfico®.

Por isso, a Teoria do Desdobramento aponta que você não precisa, obrigatoriamente, limpar nada, e sim acessar sua perfeição, o seu Eu Holográfico® que é perfeito e está sempre à sua disposição. Mas preste muita atenção no que vou dizer agora, pois estudei muitas outras teorias e experimentos científicos, além do mais poderoso de todos eles: minha experiência de vida e a vida de 45 mil alunos apenas do treinamento Holo Cocriação®.

Cheguei à conclusão de que apenas 0,0000000000000001% dos meus alunos e seguidores teriam essa consciência de não precisar limpar suas crenças e acessar seu eu perfeito. Saltar é o despertar da consciência do DNA da Cocriação®. Se você chegou até aqui, comemore! Pois você tem essa consciência!

Se tudo que escrevi em meus livros *DNA Milionário®* e *DNA da Cocriação®* foi entendido pela sua consciência, você está pronto. Do contrário, precisaria passar pela etapa ensinada no meu treinamento Holo Cocriação® de Objetivos, Sonhos e Metas: limpar, desprogramar, desintoxicar, reprogramar, limpar, limpar e limpar.

Essa etapa é importante porque se você está apegado ao controle, na mente racional, você não solta, permanece na resistência e não muda sua vida. Assim, o primeiro passo vai ser limpar e cancelar essas emoções para eliminar essa resistência e alcançar o processo do Salto Duplo.

COMO ENTRAR NO UNIVERSO PARALELO

O Eu Holográfico® está metaforicamente falando no emaranhamento Quântico – não localidade. E a não localidade é o multiverso, onde estão os nossos Eus vivendo infinitas possibilidades. Esse espaço holográfico é um Universo igualzinho ao nosso, numa versão energética em que vive sua versão onda (seu Eu Holográfico®).

É um Universo que está paralelo a este, mas você não consegue ver porque ele está em estado de onda e de pura energia, em velocidades máximas. É como se existisse um mundo espiritual e outro físico, que é o mundo onde você vive hoje. Você não pode adentrar nesse Universo, porque está vestindo um corpo físico, que é matéria. Nesse plano espiritual ou energético, não existe matéria. Você não consegue entrar nesse mundo paralelo como matéria (corpo físico), pois lá o seu duplo Quântico já existe como onda, energia e luz, então preciso preparar você para se transformar em pura energia de luz, ou sua versão holográfica.

> Nossa versão pura de luz e energia ou holográfica é como um momento em que perdemos a noção de que somos um corpo físico e retornamos à Casa do Pai,

Nossa versão pura de luz e energia ou holográfica é como um momento em que perdemos a noção de que somos um corpo físico e retornamos à Casa do Pai, à fonte da criação, ao espaço da não localidade e do duplo Quântico. É como se você, nesse instante de conexão energética, tivesse aquela sensação de "Meu Deus, eu não estava aqui". "Meu Deus, eu não senti o meu corpo". Quando passar por esse momento, adentrar a esse Universo paralelo, você conseguirá entrar no mundo astral (energético).

Essa é a síntese e a essência de tudo o que venho tentando passar para você ao longo do livro. Pois, se você conseguiu chegar nesse nível, se harmonizar, tornar-se uno com seu sonho – ao ativar o poder do Unohograma® –, você conseguirá acessar seu Duplo Quântico, de modo natural e equilibrado, para manifestar qualquer realidade futura no presente momento da sua vida.

Obviamente, tudo isso envolve uma nova Consciência Quântica, novas percepções sobre a existência, a ativação da pineal e o entendimento prático sobre os ciclos de onda cerebral, por meio do relaxamento e do silêncio, quando você perde a noção do espaço-tempo.

> É preciso viajar em estado de pura consciência para saltar ao infinito até seu Novo Eu.

É preciso viajar em estado de pura consciência para saltar ao infinito até seu Novo Eu, porque o estado de "consciência consciente e material" não consegue. Foi isso que eu fiz no passado para ser quem sou hoje, mas inconscientemente, até decodificar todo o método de desdobramento Quântico ao futuro perfeito. Hoje, eu tenho consciência de que já fazia isso lá atrás, com o meu filho Arthur, para curar seu corpo e restabelecer sua saúde. Fiz isso em mim também, quando precisava regenerar todo amor dentro de mim, por ter me mutilado, me maltratado com palavras de ódio projetadas internamente por tanto tempo. Tudo foi restabelecido em minha vida com a prática de todos esses conceitos, pois quando você entra no Campo Quântico e sintoniza o seu Duplo, tudo é muito perfeito.

Então, você terá a chance agora de, ao seguir e praticar as **10 Fases da Cocriação Quântica Desdobrando no tempo**, acessar seu Novo **Eu Holográfico® do Futuro** e cocriar livremente um novo destino fantástico diretamente no campo das infinitas possibilidades e no momento presente, ao trazer para a atual realidade as experiências memorizadas do seu duplo Quântico no horizonte de eventos da existência.

10 FASES DA COCRIAÇÃO QUÂNTICA DESDOBRANDO NO TEMPO:

FASE 1: Busque o Estado de Harmonia, ou seja, o equilíbrio entre suas emoções, pensamentos e ações cotidianas. No Estado de Harmonia, você reduz os ciclos de onda cerebral para as faixas alfa e theta. Com isso, entra em fase e em conexão vibrátil com o Universo, com a Matriz Holográfica® e com seu Duplo Quântico. O Estado de Harmonia pode ser alcançado em Meditações Quânticas, no silêncio extremo, em visualizações criativas e holográficas, ou quando você está em Ponto Zero. Você pode usar, para isso, recursos como a Técnica Hertz®, o Ho'oponopono Quântico®, a Respiração Há (limpeza de memórias), frequências elevadas de amor, perdão, paz e harmonia, ou mesmo sons binaurais de reprogramação mental. Todos esses recursos podem ser acessados, gratuitamente, em meus canais digitais.*

FASE 2: Defina com clareza o que deseja. Ao entrar em estado de harmonia, foque no que busca e quer materializar na vida. Pode ser um amor, uma casa, o sucesso profissional, reconhecimento ou abundância. Ao escolher, o Universo traz a resposta e a solução exata de que precisa para cocriar seu desejo em contato com seu Novo Eu. Pois é você quem define a realidade e a polaridade do elétron ao escolher com lucidez e discernimento. É o seu olhar para o futuro desejado, experimentando toda essa nova realidade dentro de si, que definirá a carga elétrica, a massa, a energia e a frequência do elétron correspondente ao futuro sonhado e à interação com seu Duplo Quântico. Por isso, o colapso de função de onda do futuro provável será cocriado quando você definir, com expansão de consciência e clareza mental, aquilo que realmente busca e deseja. Uma dica é escolher uma meta por vez.

FASE 3: Coloque o sentimento e o pensamento corretos na amplitude e frequência da sua função de onda. Ou seja, você deve ativar, dentro de si, uma emoção elevada, superior, de amor, de plenitude e convicção no seu desejo. Além disso, deverá pensar no sucesso

---

* Saiba mais em <www.elainneourives.com.br>.

da sua cocriação, na realização pronta, presenciada e experimentada nesse momento por você em contato e integração com seu Duplo Quântico. Escolher as emoções certas e os pensamentos alinhados significa direcionar as energias necessárias e coerentes para a cocriação e o colapso de função de onda no projeto holográfico do seu desejo, no campo de infinitas possibilidades, dentro da não localidade do Universo. Quanto mais energia positiva colocar, mais densidade terá para colapsar a realidade pretendida. Esta lógica é sustentada pelo físico alemão Max Born, Prêmio Nobel de Física.

FASE 4: Utilize sua visualização criativa e holográfica para dar detalhes, características, especificidades e organização Quântica ao seu desejo de colapso no Universo. Para isso, você pode visualizar e mentalizar todos os dias, seja pela manhã, pela noite ou várias vezes ao longo do dia, o desejo e o projeto holográfico do seu sonho manifestado na dimensão do seu Novo Eu, que é a não localidade ou Matriz Holográfica®. Quanto mais detalhes colocar, mais energia e fótons serão inseridos ao seu projeto Quântico. Então, mais densidade e amplitude de onda ganha seu desejo, até se tornar uma cocriação ou realidade no mundo físico. O holograma mental e o seu psiquismo Quântico ajudam a densificar a vibração e a materializar a função de onda do seu desejo instantaneamente no Universo, interpretando essa mesma realidade Quântica no plano material.

FASE 5: Entre em correlação Quântica, no emaranhamento vibracional dos acontecimentos. Esse movimento natural vai permitir a sincronização de fatos, eventos, circunstâncias, encontros e infinitas possibilidades para materialização de seus desejos. Para isso, você deve permanecer em estado de harmonia com o futuro desejado e com seu Eu em estado de perfeição, identificar a matriz de seu projeto, ou seja, qual desejo quer materializar primeiro. Manter um estado de coerência cardíaca, equilíbrio entre pensamentos (mente), emoções (coração) e comportamentos (alinhamento vibracional superior com Deus ou Matriz Holográfica®), de modo natural e consciente. Isso tudo deve estar imantado em sua mente e em todo o seu campo relacional, pois essa ação vai gerar a vibração necessária para potencializar a cocriação de seu sonho e criar a ressonância necessária com o futuro desejado e o seu Novo Eu.

FASE 6: Além da integração de todos esses fatores anteriores (estado de harmonia, clareza mental, sentimentos e pensamentos coerentes, visualização holográfica e correlação Quântica), você deverá aceitar seu poder para cocriar o futuro desejado e assumir 100% da responsabilidade sobre os efeitos e consequências de suas escolhas conscientes e inconscientes. Isso tudo passa por um processo de expansão da consciência, ruptura de modelos antigos sobre a realidade estrutural, quebra de velhas crenças e reconhecimento existencial sobre a visão Quântica do mundo e da existência. Quando você assumir e tomar essa nova consciência, naturalmente, em estado de onda gravitacional de energia, estará apto para o contato e para a integração definitiva com seu Novo Eu, à procura de respostas, soluções e alternativas essenciais e transformadoras para a realização de todos seus projetos de cocriação Quântica da realidade futura que deseja manifestar hoje.

FASE 7: Cocriação sem ação de futuro não existe e não funciona. Você deve colocar em prática todos esses recursos, se deseja manifestar seus sonhos no futuro provável pretendido. Isso significa usar usa mente, colocar em prática seus projetos, agir na direção de seus sonhos, mudar a polaridade para o hemisfério positivo de suas emoções e pensamentos, e ser empenhado naquilo que busca manifestar. Ou seja, se você deseja comprar um carro, além das visualizações, mentalizações, pensamentos e experiência de realização interior, deverá agir no plano físico para que isso aconteça. Seja guardando dinheiro ao fazer o planejamento financeiro, criando estratégias e ações propositivas na direção de sua meta. Todas essas ações envolvem sua parte psíquica, mental, Física e Quântica. Tudo na mesma direção, entre teoria e prática, então as chances aumentam substancialmente para você criar a vibração necessária do colapso do seu maior desejo no Universo e neste plano.

FASE 8: Busque os recursos de que precisa para materializar seu desejo. Depois de passar por todas as fases anteriores e colocar em prática seu desejo, procure pessoas, objetivos, planos, ações, diretrizes e modelos que possa utilizar como referência para a manifestação da realidade futura que busca cocriar em contato com seu Novo Eu. À medida que mostra disposição e começa a listar suas prioridades, você entra totalmente em sintonia com o Duplo Quântico na organização Quântica do desejo colapsado. Pois, para o colapso existir na dimensão do Eu Holográfico®, você precisa de clareza mental, atitude positiva e ações pertinentes. A junção desses elementos vai gerar a vibração elevada necessária para colapsar e cocriar a matriz real do seu desejo imediato no mundo físico.

FASE 9: Tenha compreensão do seu desejo (uma imagem mental clara daquilo que você deseja) . É preciso separar a dimensão desse sonho: se ele atende apenas ao seu ego, à sua missão ou ao seu propósito e programação de vida. Isso porque o colapso acontece com mais agilidade e dinâmica quando existe essa compreensão clara e cristalina. Além disso, o seu desejo, ou parte dele, pode até ter acontecido, estar se manifestando nesse momento ou quase realizado, mas você ainda não percebeu, porque você fica ansioso, cria falsas expectativas e ilusões. Isso gera vibrações negativas e pode prejudicar a manifestação. Por isso, é preciso clareza, discernimento, usar a razão e a consciência reflexiva. Observe em qual fase está a manifestação de seu sonho e o que, de fato, precisa desenvolver, dentro de si, para sua cocriação.

FASE 10: Suas conquistas devem ser celebradas e comemoradas. Desde as pequenas até as maiores. Cada vez que celebra, você eleva seu campo ressonante para uma frequência superior a 500 Hertz, segundo a Escala da Consciência, totalmente compatível com a dimensão extrafísica do seu eu do futuro e com a realidade que deseja produzir. Ao celebrar, você cria a sensação e a energia do colapso dentro de si, em suas células, moléculas e no núcleo do seu DNA. Essa mesma frequência é espelhada ao Universo, através do seu campo relacional, acelerando o colapso de onda do seu desejo, em contato com o Novo Eu e com a Matriz Holográfica®, provocando a manifestação de qualquer sonho de futuro cocriado hoje. A satisfação traz o estado de harmonia e de coerência Quântica com sua versão mais poderosa no Universo. Cria um senso íntimo de integração vibracional com o Universo e com sua natureza superior identificada como o seu Novo Eu Holográfico®.

O QUE VOCÊ QUER SINTONIZAR?

Quando passei pela minha formação com Jean-Pierre, na Argentina, consegui fazer todas as associações a respeito: a relação do espaço-tempo, a sintonia com o Novo Eu, a cocriação da realidade e o Eu Holográfico® – que é a sua versão Quântica perfeita e está sobreposta em algum ponto do Universo. Ou seja, você! Sim, você mesmo! Em algum futuro alternativo, acessando toda a perfeição, ou sua existência no passado, em busca de respostas por meio do seu eu no futuro. Com tudo isso, chegou o momento de você sintonizar esse Universo de infinitas possibilidades Quânticas. Assim, eu lhe pergunto:

O que você quer sintonizar hoje? Qual é seu desejo?

Tudo que deseja está em algum futuro alternativo escolhido por você mesmo, de modo consciente ou inconsciente, mas em estado de onda informacional. Isso mesmo!

> *O Eu Holográfico®, sua versão onda, é a própria onda de infinitas possibilidades; por isso, você pode experimentar todas as probabilidades no Campo Quântico.*

Vivemos em um Universo holográfico em que podemos criar nosso próprio hologramma. Nesse Universo, o que existe são apenas o reflexo ou os fractais Quânticos – imagens idênticas, replicadas a partir de uma matriz ou um hologramma maior – e energéticos da realidade fundamental.

Esse reflexo da realidade original surge, espontaneamente, como uma projeção holográfica de cinema, quadro a quadro, como ensina a cinemática da mente cósmica (Matriz Holográfica®), do amor e da expressão da existência do próprio Criador.

Preparados para criar o seu Eu Holográfico® do Futuro e saltar no tempo até a dimensão dos seus sonhos?

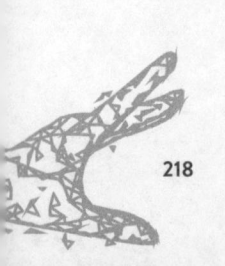

PRÁTICA QUÂNTICA PARA VIAJAR NO TEMPO E PROJETAR O SEU FUTURO IMEDIATO

AÇÃO 1 - *Acorde pela manhã e se mantenha em um estado de tranquilidade. Você pode fazer a prática ainda na cama ou em algum local mais calmo da sua casa.*

Então, em seguida, faça a RESPIRAÇÃO HÁ com intervalos de 7 segundos intercalados entre inspiração e expiração, por três vezes consecutivas, até baixar os ciclos de onda cerebral e provocar um profundo relaxamento físico e mental. Ao se concentrar e logo após a respiração, visualize um ponto de energia dourada, 1 metro acima da cabeça. Veja, então, a expansão e a abertura energética e multidimensional desse mesmo ponto.

AÇÃO 2 - *Perceba que esse ponto começa a se transformar e a tomar forma de uma ABERTURA TEMPORAL. Ao mesmo tempo, sinta o seu DUPLO, ou EU QUÂNTICO, se desprender e desdobrar vibracionalmente do corpo físico. Você percebe uma sensação de extrema leveza, satisfação, amor, gratidão, perdão e soltura de todos os chakras elementares. Tudo fica leve, solto e desprendido dentro e fora do seu SER.*

AÇÃO 3 - *O seu DUPLO ou EU QUÂNTICO se desdobra e passa pela ABERTURA TEMPORAL. Ao entrar pela fenda temporal, você consegue visualizar a realização de todos os seus sonhos, em diferentes cenas e hologramas Quânticos projetados dentro desse espaço amorfo da realidade, em forma de bolhas separadas umas das outras, como se fossem microuniversos espalhados no cosmos. Ao ver tudo materializado, você sente como se fosse realidade agora mesmo. Passa, então, a vibrar em plena satisfação e contentamento por concretizar todos os seus desejos. Passa também a vibrar de maneira muito elevada, o que potencializa ainda mais o colapso de função de onda dentro da ABERTURA TEMPORAL, criando o holograma do seu futuro imediato, em vários frames.*

Todos os hologramas das suas realizações estão dentro de bolhas Quânticas soltas no ar, dentro da ABERTURA TEMPORAL. Então, ao visualizar todas as cenas, as bolhas dos seus sonhos, como se fossem moléculas, começam a se juntar, a se fundir e se integram, plenamente, em apenas uma bolha. Essa bolha reduz o tamanho até caber na palma da sua mão e você a leva ao seu coração.

A energia dos seus sonhos, então, é plasmada em todo o seu EU QUÂNTICO, ao seu DUPLO, que transfere, imediatamente, essa informação, através da ABERTURA TEMPORAL, para o seu corpo físico, imantando seus desejos em sua realidade material, no seu futuro imediato e presente.

Ao retornar para o plano e o mundo físico você já está com todos os seus desejos colapsados. E, toda vez que coloca a mão no coração, você tem a sensação de realização e plenitude sobre o seu desejo, que já foi materializado na Matriz Holográfica®. Mais do que a sensação, você tem certeza e convicção da materialização de seus desejos.

10 LEIS QUÂNTICAS PARA SINTONIZAR O NOVO EU – SER, TER E FAZER

A seguir, leia o resumo das 10 Leis do Método Salto Duplo Quantum®. Você pode praticar, na íntegra, o método em áudio no QR Code.

LEI 1. PREPARAÇÃO E PLANEJAMENTO. Neste primeiro passo, você vai se organizar, se preparar e planejar a estratégia de execução da técnica com qualidade e êxito.

LEI 2. HIGIENIZAÇÃO MENTAL. Você vai aprender como limpar a mente e os pensamentos antes da execução da prática.

LEI 3. REGISTRO HOLOGRÁFICO. Você vai entender a importância e por que registrar toda a experiência do salto Quântico.

LEI 4. ESTADO DE BENEVOLÊNCIA. Você vai aprender o sentido, a importância e como acessar o estado de benevolência no contato com o duplo Quântico.

LEI 5. CONTATO IMEDIATO E CRIATIVO. Você vai saber como e o que deverá falar para o seu Eu Duplo quando encontrá-lo no futuro.

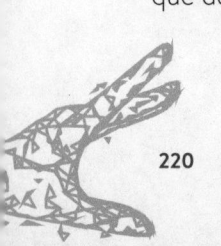

LEI 6. EXPERIÊNCIA DUPLICADA. Você vai aprender ainda como potencializar e duplicar a sintonia com seu Eu Ideal quando acordar.

LEI 7. TRANSFERÊNCIA DE FLUIDOS. Você vai aprender a transferir e a armazenar as informações trazidas pelo seu Eu Duplo do futuro no momento presente da sua vida.

LEI 8. ATENÇÃO ÀS RESPOSTAS. Você vai aprender como acolher as respostas vindas do futuro alternativo e aproveitá-las da melhor maneira.

LEI 9. COERÊNCIA CARDÍACA. Você vai aprender como integrar as frequências do coração e da mente para entrar em sintonia com o Novo Eu.

LEI 10. AJUDA. Você vai saber como pedir ajuda e por que deve ajudar outras pessoas ao entrar em contato com o seu duplo Quântico.

Cada Lei corresponde às fases detalhadas na parte IV deste capítulo, na página 207.

ACTION HERTZ® - PRÁTICA PARA COCRIAÇÃO ELEMENTAR DOS SONHOS®

Uma prática inédita e elementar para projetar seus sonhos no universo e cocriar a realidade, a partir do seu olhar vibracional, do poder da imaginação, da força da sua mente e da frequência do coração, em sintonia com seu estado de onda informacional.

Você pode acessar a técnica completa a partir do QR code:

CADEADOS EMOCIONAIS: BLOQUEIOS QUE IMPEDEM O DESDOBRAMENTO E O CONTATO COM O EU HOLOGRÁFICO®

Agora que já sabe acessar a vida dos seus sonhos, o que ainda pode impedir você? Neste capítulo, vou revelar cadeados emocionais que impedem o acesso ao Eu Holográfico® e ao futuro potencial que deseja viver hoje mesmo. Assim, preparei um resumo dos 10 cadeados emocionais que você precisa abrir e mais 10 Chaves Quânticas para destravar, cada um deles, na cocriação dos seus sonhos futuros.

1º CADEADO: MENTE ATEMPORAL

Quando lembra um fato do passado ou está contando uma parte da sua história, você volta no tempo e memoriza aquele acontecimento. Toda vez que você faz isso, tudo que estava no seu passado é interpretado pela sua mente como realidade, ou seja, como se você estivesse vivendo no agora.

Ao desconsiderar o poder da sua **mente atemporal**, você está dando combustível para reproduzir tudo aquilo que já viveu em sua vida, várias e várias vezes. Sempre que fala sobre algo que aconteceu, com forte emoção, está reproduzindo e intensificando esse fato, cocriando exatamente o seu passado!

A **mente atemporal** que parece tão simples é a mais perigosa, porque isso não serve somente para o passado. Você deve tomar cuidado não apenas com suas memórias e lembranças (principalmente se lembradas com forte emoção), mas também com o futuro. Quando você pensa no amanhã, na maioria das vezes, apenas está projetando no seu futuro o que viveu no passado. E isso só acontece porque sua mente é atemporal, ela não entende o passado ou o futuro. Não entende se está lembrando ou imaginando. Ela simplesmente executa o que vibra dentro de você, com toda sua força, para provocar o **colapso da função de onda**.

A chave Quântica para liberar esse cadeado é a **conexão com seu estado de presença**. E isso pode ser ativado com o poder da gratidão no momento presente. Ser grato por tudo que tem e tudo que deseja ter, como se já fosse realidade, agora mesmo.

2º CADEADO: PALAVRAS NEGATIVAS

Quais são as palavras que você está usando, seja de maneira consciente ou inconsciente, que vem reproduzindo e escrevendo uma história totalmente diferente daquela que você gostaria?

- *Eu não consigo...*
- *Isso é muito difícil...*
- *Eu não quero ficar doente...*
- *Eu estou tentando...*
- *Eu acho que não vou conseguir...*
- *Eu me sinto confuso...*
- *Eu me sinto cansado...*
- *Eu sou fracassado...*
- *Eu não sei por onde começar...*

> Se nossa mente é verbal, qual verbo você está utilizando para cocriar a sua nova realidade?

Se nossa mente é verbal, qual verbo você está utilizando para cocriar a sua nova realidade? Os verbos são comandos de ação que você pode utilizar a seu favor ou contra si mesmo. Verbos positivos como sorrir, agradecer, amar, ajudar podem mudar a química do seu cérebro. No entanto, os verbos negativos também o fazem. Esses são alguns verbos negativos muito comuns e utilizados em conversas rotineiras: chorar, perder, sofrer, magoar.

Todas essas situações negativas fazem o seu DNA diminuir porque o verbo é uma frequência e a mente decodifica o verbo em uma imagem. Se o verbo for negativo, a imagem reproduzida em sua mente será negativa e, por consequência, atrairá mais eventos negativos para sua realidade. Você precisa estimular a autoconfiança para sair desse padrão e a boa notícia é que você pode fabricar essa confiança. Na verdade, seu corpo já fabrica essa sensação de que as coisas vão dar certo por meio da dopamina e da serotonina, porém você também pode fabricá-la por meio da utilização de palavras positivas.

Se esse cadeado envolve palavras e verbos negativos, um modo de destravá-lo está na utilização da sua nova voz de comando, em que você aprende a fazer uso das suas palavras **positivamente**. Pare de reclamar! Pare de reclamar, julgar, se vitimizar, apontar culpados...

A frequência da relação está em torno de 30 Hertz e nessa vibração você não tem força para materializar nada! Lembra que a frequência da cocriação vibra entre 500 e 600 Hertz?

EXERCÍCIO DE REPETIÇÃO DE FRASES PARA O USO DA 2ª CHAVE MESTRA

Eu vou trocar minhas reclamações sobre mim por:
Eu faço o melhor que posso nas condições em que me encontro.
Todas as pessoas fazem o melhor que podem nas condições em que se encontram.

Eu vou trocar minhas reclamações sobre os outros por:
Tudo que acontece é para o meu bem e eu sei que existe um bem maior nisso tudo.
Por isso, eu confio, aceito e entrego.

3º CADEADO: FALTA DE PERDÃO

O perdão é o famoso clichê de todo curso de autoajuda. Contudo, muitas vezes, sua presunção não permite reconhecer que ainda existe alguém na sua história que você precisa perdoar.

Se você pensa em alguém e isso o incomoda, isso significa que você ainda não perdoou. Se você fala o nome de uma pessoa e isso ainda lhe causa dor, você ainda não desculpou. Se alguma coisa que faça você lembrar determinada situação continua lhe gerando mal-estar, você ainda guarda ressentimento. E são esses sentimentos de baixa frequência que estão travando sua vida. Agora eu lhe pergunto:

você quer abrir esse cadeado hoje? Quer recomeçar com a certeza de que a sua vida vai ser cada vez mais livre, leve e próspera?

Perdoe! Este é o antídoto natural para a falta de perdão. Perdoar quem o feriu, traiu, mentiu, enganou, abandonou, magoou de qualquer forma. Perdoe! Simplesmente perdoe! A chave Quântica é o **autoperdão**, é a saída para esse labirinto de dores. Com o autoperdão, você começa a liberar a energia que estava bloqueando você. O autoperdão conecta e conduz você à aceitação.

Quanto mais aceitação, mais perdão e vice-versa. Quando você perdoa, agradecendo a todos os episódios da sua vida – que permitiram que você chegasse até aqui, você quebra esse cadeado emocional. O perdão alivia a sua alma, fazendo com que você viva em paz e plenitude consigo mesmo. Então, quando você começa a vibrar no perdão, cria uma nova Assinatura Vibracional®, que o conduz à sua nova realidade. Percebe quanto isso é valioso?

Essas palavras: julgar, culpar, mentir... são uma espécie de família de emoções negativas, que anula qualquer campo de cocriação consciente da realidade. Eu gosto de chamar essa família de julgamentos, julgamentos de mágoa, de culpa, de mentiras e de ilusão. Portanto, pare de mentir para si mesmo e achar tudo tão óbvio. Exercite a humildade e a maturidade.

> Reconheça quais desses cadeados estão travando a sua vida e dê esse basta **agora**!

Reconheça quais desses cadeados estão travando a sua vida e dê esse basta **agora**! Vibrar na falta de perdão torna você incapaz de cocriar o futuro que deseja. Porque o que pensa e deseja para o outro cria a sua realidade agora. Somente quem se perdoa consegue perdoar o outro, somente quem se ama aprende a amar a parte de dor que está em quem você via como culpado.

Se perdoar alguém for difícil demais para você, lembre-se de que o perdão pode ser a linha que está separando o seu maior sonho futuro da sua realidade de tristeza. Ciente disso, você tem certeza de que prefere continuar com raiva, culpa ou falta de perdão a ser **feliz**?

4° CADEADO: EGO DE INGRATIDÃO

Esse cadeado está concentrado no seu ego, na sua vaidade e na falta de desprendimento da vida. A única maneira de quebrar esse ciclo é agradecendo a tudo e a todos. Você deve agradecer pelo bom e pelo ruim, porque tudo faz parte de um plano maior e essa é a libertação de que você precisa.

Eu sei que é extremamente desafiante quando você tem contas para pagar, quando está doente, sem emprego... é realmente muito fácil entrar na sintonia da ingratidão, mas essa é a sacada que você deve entender. Eu já falei sobre o poder da gratidão aqui várias vezes.

E eu espero que, nesta etapa, você se abra para reconhecer que a gratidão não é só pelo que você tem, mas sobretudo pelas coisas aparentemente ruins que lhe aconteceram e que serviram como aprendizado e escada para que chegasse até aqui. Além de agradecer pelas coisas que você ainda não conquistou, como se tudo já fosse realidade. Essa é uma ação poderosa também.

Para se libertar desse quarto cadeado, vou apresentar uma emoção de altíssima frequência que chamo de Holotríade® da criação universal. Essa Holotríade® é ativada por três sentimentos: gratidão, harmonia e aceitação.

Essas três emoções juntas possibilitam vibrar acima de 1.000 Hertz, em uma frequência de iluminação do Criador. Elas são uma espécie de bomba atômica para abrir o quarto cadeado, pois vibram em frequências acima de 500, 600, 700 Hertz, na Escala da Consciência, no mesmo patamar do Criador, do seu Eu Holográfico®, em ressonância com futuros alternativos desejáveis. Esta é, sem dúvida, a chave Quântica liberada pelo cadeado emocional do ego de ingratidão.

5° CADEADO: CULPA

Nos cadeados anteriores, já mencionei a culpa como fator determinante e extremamente perigoso para aqueles que desejam sair da *Matrix*. Mas, se você ainda estiver resistindo a abrir esse cadeado da sua vida, que tal repetir as frases abaixo comigo:

- *Eu não sou culpado de nada, porque estou livre desse sentimento de culpa.*
- *Eu não sou vítima de nada, porque estou livre desse sentimento de vitimização.*
- *Eu nasci para ser feliz e posso conquistar todos os meus sonhos a partir de agora.*

Alguns chamam a culpa de *Matrix*, outros, de vibração de Terceira Dimensão. Seja como preferir, quem vibra na culpa, vibra em menos de 30 Hertz e não tem qualquer campo vibracional para cocriar o que deseja. Para se libertar desse padrão, você precisa ter **consciência**. Consciência de saber o que está destruindo sua vida, porque quando você muda uma informação internamente, muda dez coisas do lado de fora. E quando você acessar essa quinta chave Quântica, a dor incessante também será cessada, pois você vai descobrir o que estava bloqueando a sua vida ao destravar cada um desses cadeados emocionais.

6° CADEADO: TRÍADE DO MEDO, ANSIEDADE E INSEGURANÇA

No sexto cadeado emocional, temos a tríade que destrói a cocriação de sonhos e de futuros alternativos. A fusão do **medo**, da **ansiedade** e da **insegurança**. Essa tríade vibra em menos de 30 Hertz, são frequências criadas por sentimentos de baixa vibração, o que, certamente, bloqueia **qualquer comunicação com futuros potenciais**, pois estão em esferas inferiores a 100 Hertz.

> Para sintonizar seu Eu Holográfico®, você precisa estar em harmonia e elevar a vibração.

Para sintonizar seu Eu Holográfico®, você precisa estar em harmonia e elevar a vibração. Isso significa romper com toda vibração negativa contrária ao fluxo do colapso, dentro da Matriz Quântica Holográfica®, em que todas as possibilidades de futuros alternativos coexistem. Para você abrir esse cadeado, tudo começa com a atitude da coragem, da disposição e da vontade para superar qualquer bloqueio até alcançar a aceitação do novo futuro que você passa a programar dentro de si.

A chave Quântica para abrir esse cadeado são emoções positivas (amor, alegria, gratidão, paz, harmonia, aceitação), até entrar em fase com o Universo, em uma frequência, segundo a Escala da Consciência, superior a 500 Hertz, permitindo o contato direto e a interação Quântica com a Matriz Holográfica®, no horizonte de eventos em que coexistem seu Eu Holográfico® e infinitos futuros alternativos ao seu dispor para livre escolha.

7º CADEADO: SENTIR-SE INCAPAZ E DUVIDAR DE SI

Sabe quando você tem aquela sensação de **incapacidade**, de que não vai conseguir e passa a duvidar de si, de seus dons divinos e de sua habilidade para cocriar o futuro desejado como observador consciente da realidade?

Este é um cadeado emocional perigoso, que pode travar qualquer possibilidade de realização de sonhos, pois provoca o Efeito Zenão, ao fazer você vibrar na **dúvida**, na **incerteza** e na **insegurança**, frequências inferiores a 100 Hertz, totalmente incompatíveis com o fluxo do seu Eu Holográfico® e futuro pretendido.

Pensamentos e atitudes que trancam o fluxo de realizações do duplo Quântico até sua vida:

- Eu não consigo fazer ou realizar algo.
- Isso (qualquer coisa que pensa fazer) não é ou não foi feito para mim.

Esses dois pensamentos e atitudes inibem completamente a cocriação de futuros alternativos, porque você não acredita, não vive e não aceita o seu poder para manifestar a realidade. Também vibra de modo incoerente ao fato de que pertence e interage em um Universo de frequência e vibração, com infinitas possibilidades e realidades ao seu dispor.

É necessário um conjunto de comportamentos que passam pela **atitude positiva**. Essa é a chave Quântica para destruir esse cadeado emocional. Ou seja, a fé no Criador, a satisfação pela vida e pelo futuro desejado, pensamentos elevados, práticas meditativas e exercícios de concentração e silêncio. Pois você precisa entrar em fase com o

Criador, despertar o amor que existe dentro de você e a autoconfiança natural para desbloquear esse cadeado e viver a vida dos sonhos.

8° CADEADO: O DESEJO (VÍCIO E VONTADE EGOCÊNTRICA)

Quem vibra no Cadeado do Desejo ainda está preso apenas ao ego, à matéria e às vontades associadas à mente inconsciente. Não tem muito autocontrole e depende da realização de seus desejos primários para obter uma satisfação passageira. Oscila vibracionalmente o tempo todo; não consegue manter constância, vibração positiva e elevada, permanecendo em uma faixa vibracional de apenas 125 Hertz, segundo a Escala da Consciência, sem poder e sem domínios da consciência para cocriar diferentes ações e eventos futuros no Universo, em conexão com o Eu Holográfico®.

> A pessoa presa ao desejo não consegue expandir a consciência.

A pessoa presa ao desejo não consegue expandir a consciência, observar além de seus muros emocionais ou suas crenças limitantes, está em uma vibração lenta, parada, sem escala ou projeção holográfica. Mantém-se distante da faixa do Universo, do Vácuo Quântico, onde os sonhos viram realidade e os desejos transcendem as dimensões para se tornar realidades no mundo físico em que vivemos.

Normalmente, o desejo ou o vício são limitados e restritos a padrões compulsivos em todos os campos, como modo de preencher algum vazio existencial, sentido de vida, missão e propósito. Entre os vícios compulsivos, pode-se destacar:

- *Vício por comida em excesso – distúrbio alimentar;*
- *Vício em jogos de azar;*
- *Vício em medicamentos, drogas e remédios;*
- *Vício em bebidas, consumo exagerado de álcool;*
- *Vícios comportamentais do sono (insônia, distúrbio do sono);*
- *Vícios e manias, comportamentos repetitivos, TOC etc.*

Todos os vícios buscam, em primeira instância, nutrir o desejo do ego, da matéria, do mundo material e ilusório. Contudo, esses vícios, por vibrarem em sintonias baixas, compatíveis com o orgulho, a raiva e o desejo – menores que 200 ou 100 Hertz –, anulam o fluxo de onda do seu Eu Holográfico® e a passagem livre da energia do Criador em todo o seu campo, prejudicando o seu acesso às novas oportunidades e às realidades alternativas no Universo, interligadas ao futuro mais desejado por você no momento presente.

A chave Quântica para romper o cadeado emocional do desejo e do vício egocêntrico é o estado de Harmonia com o Universo, de satisfação, de gratidão e de alegria. Isso pode ser alcançado com exercícios de concentração, visualização holográfica do futuro, práticas de Holofractometria® para conexão com a fonte Criadora, mantras de luz, decretos de regeneração da frequência original e no silêncio.

No silêncio, você restabelece o contato direto com seu Eu Holográfico® – que é Deus, em estado de perfeição – e escuta a voz do inconsciente. Essa voz trará respostas do futuro com as ações que precisa tomar, imediatamente, para destravar mais esse cadeado emocional e todos esses vícios que ainda bloqueiam a materialização de seus sonhos holográficos.

9º CADEADO: O PESAR (DOR, SOFRIMENTO, MÁGOA)

O pesar é como um navio em pleno naufrágio. Toda a mágoa, a dor, o sofrimento ou o ressentimento guardados no inconsciente levam a pessoa para as profundezas da própria alma.

Com uma vibração de apenas 75 Hertz, quem vibra nessa emoção é sucumbido pela tristeza, pela depressão, por sentimentos de menos-valia, e isso causa caos, desordem e um distanciamento inevitável do futuro que se deseja colapsar em contato com o Eu Holográfico®. Nessa condição, deixa-se de produzir hormônios da alegria para gerar, ao contrário, uma química destrutiva no cérebro, sustentada por doses intensas de cortisol (hormônio do estresse).

A consciência, nesse caso, é consumida pelas próprias emoções negativas, densas, de baixa frequência, com grande energia poluída ao seu redor, bloqueando o campo com esse cadeado emocional, impossibilitando a interação mais consciente com a multidimensionalidade. Assim, esse escudo vibracional produzido por você não age como uma proteção, mas como uma imensa e resistente barreira Quântica, oposta à realização e à materialização de seus sonhos em futuros potenciais e alternativos.

> Quanto mais pesar a pessoa que você mantém no seu campo eletromagnético, mais difícil será elevar a própria vibração.

Quanto mais pesar a pessoa que você mantém no seu campo eletromagnético, mais difícil será elevar a própria vibração, entrar em fase com o Universo, com o Duplo Quântico e projetar a matriz do holograma de seus desejos. Mágoa, dor, ressentimento e pesar são emoções fatais para quem deseja manifestar seus sonhos.

A chave Quântica para desbloquear esse cadeado é o estado de alegria, o entusiasmo pela vida, a satisfação por ser quem você é, a valorização de suas conquistas e o desejo de benevolência pelo outro.

Feito isso, naturalmente, você libera o campo e abre o cadeado emocional, porque passa a vibrar nas alturas, em frequências elevadas, superiores a 500 Hertz, compatíveis com o amor universal, a paz, a compaixão, a autoestima e a felicidade incondicional. Nessas faixas, nada mais pode bloquear a manifestação de seus desejos.

10º CADEADO: A CORRENTE DO SER: VERGONHA E APATIA

Cada pessoa está presa a algum cadeado antes do despertar. Mas existem pessoas que seguem acorrentadas na vergonha, na timidez, na apatia ou no orgulho. Elas vibram na frequência mais baixa da consciência, em apenas 20 Hertz.

Essa vibração é praticamente a morte. O mesmo acontece com a culpa; ao manter essas emoções negativas dentro de si, você se torna um zumbi, um morto-vivo na sociedade. Ninguém consegue notar sua presença, você se torna alguém irrelevante e nulo. Parece muito mais uma rocha presa dentro de uma caverna escura. Não consegue se iluminar nem iluminar aos outros.

Ao se manter preso nos campos escuros da mente, às suas sombras da personalidade, absorvido pelo medo da escolha, pelas crenças de mudança, pela vergonha de quem você é e se tornou, você perde oportunidades e fica distante da fonte Criadora, de Deus e do amor supremo do Universo, do seu Eu Holográfico®.

A chave Quântica para romper esse cadeado emocional é amar a si mesmo, venerar-se, admirar quem você é, pois você nasceu à imagem e semelhança do Criador. E o Criador é perfeito, benevolente, amoroso e cheio de disposição, vigor existencial, paz, harmonia e luz. Ao amar sua verdadeira essência, você rompe com qualquer cadeado emocional, especialmente com a fraca energia da vergonha, da timidez e da apatia. Ao vibrar no amor, você se torna luz, acelera sua frequência, vibra acima de 540 Hertz e pode saltar no tempo até o futuro desejado, em encontro com seu Eu Holográfico®.

COMO DESBLOQUEAR OS CADEADOS?

Agora que você sabe quais são os dez cadeados emocionais bloqueadores, vou ensinar como poderá abri-los para viver o futuro alternativo ideal em contato com seu Duplo Quântico. Vamos desbloquear sua mente. E a chave final para romper todos esses cadeados será a ação da Holofractometria Luz Divina®.

Com a aplicação desse poderoso recurso Quântico, meu objetivo, agora, é levar você ao próximo nível de conhecimento em plena sintonia com o seu Eu Holográfico® no Universo e revelar uma solução totalmente eficaz e imediata para desbloquear todos os seus cadeados.

TÉCNICA EM VÍDEO HOLOFRACTOMETRIA LUZ DIVINA®

A Holofractometria Luz Divina® é um holograma multidimensional subliminar emissor de frequência Hertz, entrelaçado quanticamente com diversas terapias vibracionais. Ela inclui áudios, frequências Hertz de onda cerebral gama 1.000 Hertz, imagens arquetípicas, Sequências de Fibonacci, códigos Quânticos e outros recursos de expansão da consciência.

Com o poderoso recurso de reprogramação acelerada Holo-fractometria Luz Divina®, você vai liberar todos os cadeados emocionais do seu Campo Quântico e transformar suas sombras em luz universal, ao desdobrar o tempo e alcançar o futuro potencial que deseja viver hoje.

Você pode acessar a técnica completa a partir do QR code:

CAPÍTULO 8

NÍVEIS DE CONSCIÊNCIA PARA A COCRIAÇÃO DA REALIDADE

O cérebro produz uma infinidade de ondas eletromagnéticas que espelham a percepção que temos sobre a realidade e o nosso nível de consciência pleno ou parcial. Seja sobre nós mesmos, seja qualquer evidência e interpretação da realidade externa.

As ondas mais conhecidas, conforme você aprendeu, são alfa, theta, beta, delta e gama. Todas com frequências específicas e relacionadas com a cocriação futura da realidade. Nas ondas alfa e theta, quando os ciclos são reduzidos, você alcança o estado mais profundo do silêncio interior, entra em Ponto Zero e alcança a integração com o Criador, com Deus, a Matriz Holográfica®.

> Todas com frequências específicas e relacionadas com a cocriação futura da realidade.

Na faixa Gama, acima de 1.000 Hertz, quando ativada simultaneamente com a poderosa glândula pineal, o futuro que deseja começar a ser materializado instantaneamente e você passa a receber todas as respostas e soluções trazidas por seu Eu Duplo Quântico (Eu Holográfico®) diretamente do futuro potencial e provável mais interessante e compatível com o seu maior desejo no momento presente.

O mais incrível ainda é que as ondas do cérebro, além de representarem o nosso atual nível de consciência, também modelam o cérebro, a mente, e criam neuroassociações o tempo todo, com uma química específica e reações biofísicas por todo o corpo, nas células, nas moléculas, nos genes e em todo o campo relacional. Tudo porque o cérebro, com você também aprendeu, é neuroplástico, muda conforme o pensamento, as emoções e a ativação de hormônios – a exemplo da serotonina e da oxitocina – quando ativados por faixas cerebrais exclusivas, como as citadas antes.

As ondas cerebrais estão relacionadas com nossos níveis de consciência, com a percepção e a interpretação da realidade que mantemos em nossa mente e na natureza da nossa personalidade

Quântica. Então, para manifestar a realidade desejada e entrar em fase com o Eu Holográfico®, é preciso perceber a existência desses principais níveis de consciência.

Quanto mais elevados os níveis, em termos vibracionais e de frequência, maior a probabilidade para a cocriação. Resumidamente, para cocriar e acessar o Novo Eu, você precisa vibrar acima de 500 Hertz, considerada uma faixa compatível e similar com a frequência do Universo, da Matriz Holográfica®. São emoções e níveis de consciência avançados, com certeza. São eles: Estado de Harmonia, amor, alegria, paz, iluminação e consciência final.

A seguir, você pode conferir as características de cada nível e perceber o que precisa ser mais bem equilibrado em sua vida.

NÍVEL 1: FORÇA/NÍVEL SOBREVIVÊNCIA. É comparável ao estado de dormência, pois a pessoa ainda está presa ao ego e aos desejos mais primários e básicos do ser, como comer, vestir, morar ou comprar. É dependente, exclusivamente, desses fatores e não consegue vislumbrar outro sentido existencial. Por isso, exala medo, ansiedade, culpa, raiva, disputa ou força. A pessoa vibra apenas em 50 ou 100 Hertz, no máximo.

Uma vibração totalmente incompatível, por exemplo, com a cocriação dos sonhos e da manifestação da abundância. O padrão de vibração do campo relacional também é contraído nesse estado e não permite a cocriação da realidade futura desejada. Não há força eletromagnética para isso nem os átomos estão na polaridade correta.

NÍVEL 2: FORÇA/NÍVEL INCONSCIENTE. Neste nível ou estado, o inconsciente ainda domina as principais ações da pessoa. Por isso, ela é controlada por suas crenças, seus dogmas, seus paradigmas, seus bloqueios e seus sabotadores.

Todas essas informações e registros vibracionais ficam armazenados em suas células, moléculas, DNA, pele e campo relacional. Com isso, a pessoa não consegue elevar a própria vibração e cria, cada vez mais, barreiras emocionais e energéticas em torno de si, o que inibe qualquer processo de cocriação da realidade e se afasta da realização e da materialização de seus desejos de prosperidade em contato com seu duplo Quântico.

MAPA DA CONSCIÊNCIA DE DAVID R. HAWKINS

DOMÍNIO DA ILUMINAÇÃO ESPIRITUAL	DOMÍNIO DA EXPERIÊNCIA HUMANA					
IDEIA DE SI	IDEIA DA VIDA	ATRAÇÃO	LOG	EMOÇÃO	PROCESSO	NÍVEIS DE CONSCIÊNCIA
Ser interno	Ser	Iluminação	1000 700	Indescritível	Consciência Pura	A vida é dedicada à salvação da humanidade
Ser universal	Perfeita	Paz	600	êxtase	Iluminação	O importante é o bem da humanidade
Um	Completa	Alegria	540	Serenidade	Transfiguração	500-599 Evolui de uma consciência espiritual para a outra
Amoroso	Benigna	Amor	500	Veneração	Revelação	
Sábio	Significativa	Razão	400	Compreenção	Abstração	200-499 Adquirem mais importância e bem-estar que os demais
Misericordioso	Harmonioso	Aceitação	350	Perdão	Transcedencia	
Inspirador	Esperançoso	Vontade	310	Otimista	Intenção	
Consentidor	Satisfatório	Neutralidade	250	Confiança	Livertação	
Percisivo	Viável	Coragem	200	Consentimento	Empoderamento	
Indiferente	Exigente	Orgulho	175	Desprezo	Vaidade	20-199 Impulso primário da sobrevivência
Vingativo	Antagonista	Ira	150	Ódio	Agressão	
Arrogante	Decepcionante	Desejo	125	Saudade	Sujeição	
censurador	Assustador	Temor	100	Ansiedade	Retraimento	
Vingativo	Trágico	Sofrimento	75	Remorso	Desânimo	
condenador	Desesperança	Apatia	50	Desespero	Renúncia	
Vingativo	Maligno	Culpa	30	Culpa	Destruição	
Desesperador	Miserável	Vergonha	20	Humilhação	Eliminação	

NÍVEL 3: FORÇA/NÍVEL ADORMECIMENTO. Onde fica o nível das massas, da *Matrix*. Nesse estágio de adormecimento, a maioria das pessoas está na frequência negativa (contração de consciência, frequências baixas, medo, culpa, apatia e raiva, abaixo de 100 ou 50 Hertz, no nível repetitivo de confusão mental, de estar no piloto automático). Fazem sempre as mesmas coisas todos os dias e entram em uma espiral de emoções negativas. Por isso, **não cocriam nada** a não ser mais problemas, dívidas, acidentes e isolamento social.

NÍVEL 4: FORÇA/NÍVEL ESTADO DE ORDEM. É o primeiro nível do poder além da força. Estado de equilíbrio e organização interior. Quando a pessoa começa a entender o seu papel no Universo e a correlação Quântica dos fatos. Mente, emoção e ações passam a entrar em ordem e em coerência na cocriação dos fatos e do futuro desejado. Diria que é o primeiro nível de expansão da consciência, partindo da razão e da coragem, a partir de 350 a 400 Hertz, até atingir a frequência necessária para o colapso de função de onda.

NÍVEL 5: PODER/NÍVEL DESPERTO. Pessoas com consciência de suas habilidades para cocriar a realidade estão nesse nível. Por isso vibram no amor, na gratidão, na alegria e são entusiastas pela vida. Estão no fluxo da cocriação e do Universo. Deixaram a *Matrix* e compreenderam que fazem parte do sistema todo. Assumem responsabilidade por seus atos, suas emoções, seus pensamentos e suas ações. Acordaram para a realidade Quântica e ajudam a espalhar amor, compaixão e conhecimento para a humanidade. Sua vibração, sem dúvida, é superior a 500 Hertz de frequência. Cocriam tudo de modo consciente e natural, pois entenderam as leis do Universo.

NÍVEL 6: PODER/NÍVEL CONSCIENTE. A pessoa é mais razão que emoção. Pensa mais do que sente. Aqui, apesar de racional, a pessoa também é dominada pelo inconsciente, por suas crenças e verdades absolutas. Fica presa às conexões provocadas pelo lado esquerdo e racional da mente. Por isso, existe uma desarmonia entre os dois hemisférios do cérebro e isso também prejudica o processo de cocriação da realidade.

Para manifestar a realidade e provocar o colapso instantâneo, é necessário harmonizar as polaridades da mente, alinhar mente inconsciente e consciente, além de promover a conexão e a comunicação direta com a fonte Criadora. Sem isso, a pessoa até mantém certa estabilidade vibracional, na ordem de 300 a 400 Hertz, mas não avança muito e, por vezes, descolapsa os próprios desejos. Ao priorizar apenas a razão, ela não amplifica o poder da emoção e do campo eletromagnético do coração, que é cinco mil vezes mais forte e sessenta vezes mais extenso que o do cérebro, no momento que emite uma vibração em direção ao Universo.

NÍVEL 7: PODER/NÍVEL SUPERIOR. Os gênios da humanidade estão nesse nível. Homens e mulheres que ajudam a evolução. Trabalhadores da luz. O progresso e a expansão do nível de consciência no planeta são potencializados por meio do seu conhecimento, sua dedicação e seu comportamento moral. Essas pessoas alcançaram a excelência em suas atividades. Ativaram ainda seus potenciais extrassensoriais, mediúnicos e habilidades cognitivas.

São iluminados e espiritualmente avançados. São os avatares e os modelos de evolução em plena atividade na Terra. Também conhecidos como consciências arquetípicas, porque são personificações dos arquétipos. São modelos de pessoas, exemplos a seguir. Literalmente, foram perfeitos no que fizeram e se propuseram, ao deixarem legados extraordinários para a humanidade. São exemplos: Jesus Cristo, Buda, Albert Einstein, Alexandre, o Grande, Gandhi, Abraham Lincoln, Hipátia de Alexandria, Cleópatra, Nelson Mandela, Henry Ford, Thomas Edson, Leonardo da Vinci etc.

A maioria deles vibra no amor, mas há exceções, como Albert Einstein, que vibrava, com mais intensidade, na razão, em decorrência de alguns contratempos pessoais nesse campo. Por isso, esses avatares vibram acima de 500, 700, 800 e até 1.000 Hertz, em pleno processo de iluminação e expansão final de consciência.

AVATAR	FREQUÊNCIA	ATINGE
1	300 (OTIMISMO)	90 MIL PESSOAS
1	500 (AMOR)	750 MIL PESSOAS
1	600 (ILUMINAÇÃO)	10 MILHÕES DE PESSOAS
1	700 (ESTADO DE GRAÇA)	70 MILHÕES DE PESSOAS
1	1000 (CONSCIÊNCIA FINAL)	TODA A HUMANIDADE

A média da frequência de cada avatar, na tabela acima, representa a influência positiva que cada um deles exerce, em termos vibracionais, no grupo de pessoas no planeta. Por exemplo: com a frequência da iluminação em 600 Hertz, o avatar influencia, positivamente, até 10 milhões de pessoas na expansão e no nível de consciência.

NÍVEL 8: PODER/NÍVEL CÓSMICO. É o nível da iluminação, do amor essencial, da fusão vibracional com a criação, com o Criador e o Eu Holográfico®. Nesse nível, a consciência se torna luz, transcende o espaço-tempo e se integra, permanentemente, com Deus e com o Universo. Ela vira luz, fóton, passa a se manifestar em qualquer dimensão e futuro alternativo, cocriando qualquer realidade em sintonia com o Eu Holográfico®, apenas com o desejo, a intenção e o pensamento, alinhados vibracionalmente. Ajuda consideravelmente no processo de expansão energética e vibracional do planeta, elevando o nível de consciência global a patamares avançados.

A Tabela do Fluxo de Energia Criativa no Corpo mostra dois aspectos:

1. *Emoções elevadas ascendem o fluxo na direção de níveis mais avançados de percepção da realidade em conexão natural com o Universo. Emoções inferiores mostram o decaimento e a contração do fluxo, provocando frequências irregulares e incompatíveis com a cocriação da realidade futura.*

Fluxo de energia Criativa no Corpo

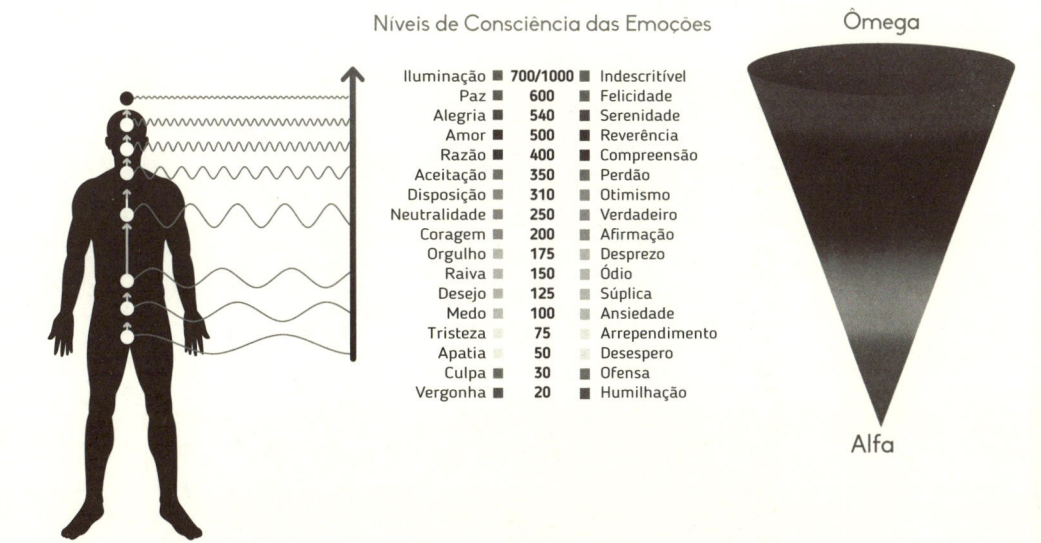

Níveis de Consciência das Emoções

Iluminação	700/1000	Indescritível
Paz	600	Felicidade
Alegria	540	Serenidade
Amor	500	Reverência
Razão	400	Compreensão
Aceitação	350	Perdão
Disposição	310	Otimismo
Neutralidade	250	Verdadeiro
Coragem	200	Afirmação
Orgulho	175	Desprezo
Raiva	150	Ódio
Desejo	125	Súplica
Medo	100	Ansiedade
Tristeza	75	Arrependimento
Apatia	50	Desespero
Culpa	30	Ofensa
Vergonha	20	Humilhação

Ômega

Alfa

2. *Há uma integração do fluxo criativo do corpo com os chacras elementares e com a ativação da glândula pineal, com a expansão de luz, de energia criativa e de projeções holográficas do futuro ao Vácuo Quântico (Matriz Holográfica®) em conexão e integração com o duplo Quântico.*

Enquanto o poder coopera com a vida, é livre de ódio, ressentimento, raiva, orgulho etc. A força coopera com a destruição, está presa ao ódio, à raiva, ao orgulho e tenta conseguir algo do exterior, justamente de uma maneira forçada. O poder está relacionado à harmonia. A força deve ser justificada, enquanto o poder não requer justificação. A força é associada com o parcial, enquanto o poder com a totalidade.

Quando analisamos a natureza da força, torna-se prontamente aparente o motivo pelo qual ela sucumbe ao poder. Essa é uma das leis básicas da Física. A força cria automaticamente uma força de mesma intensidade e sentido oposto, o que por definição limita o

	VISÃO DE DEUS	VISÃO DA VIDA	NÍVEL	FREQUÊNCIA	EMOÇÃO	PROCESSO
EXPANDIDO	Eu	É	Iluminação	700 - 1000	Inefável	Consciência Pura
EXPANDIDO	Todo-Ser	Perfeito	Paz	600	Êxtase	Iluminação
EXPANDIDO	Alguém	Completo	Alegria	540	Serenidade	Transfiguração
EXPANDIDO	Amar	Benigno	Amor	500	Reverência	Revelação
	Sábio	Significado	Razão	400	Entendimento	Abstração
	Misericordioso	Harmonioso	Aceitação	350	Perdão	Transcendência
	Inspiração	Esperançoso	Boa Vontade	310	Otimismo	Intensão
	Capaz	Neutralidade	Satisfatório	250	Confiança	Desprendimento
	Permissível	Viável	Coragem	200	Afirmação	Fortalecimento
	Indiferença	Exigência	Orgulho	175	Desprezo	Presunção
	Vingativo	Raiva	Antagônico	150	Ódio	Agressão
	Negação	Desapontamento	Desejo	125	Súplica	Escravização
CONTRAÍDO	Punitivo	Assustador	Medo	100	Ansiedade	Retirada
CONTRAÍDO	Desdenhoso	Trágico	Mágoa	75	Arrependimento	Desânimo
CONTRAÍDO	Condenação	Desesperança	Apatia	50	Abdicação	Desespero
CONTRAÍDO	Vingativo	Maldade	Culpa	30	Destruição	Acusação
CONTRAÍDO	Desprezo	Vergonha	Miserabilidade	20	Humilhação	Eliminação

← PODER →

← FORÇA →

seu efeito. Podemos afirmar que a força é um movimento, já o poder é um campo permanente que não se move. A gravidade, por exemplo, é um poder, um campo permanente que não se move contra qualquer coisa. Seu poder é quem move e mantém tudo dentro do seu campo, mas seu próprio campo em si não se move.

Por ser intrinsicamente incompleta, a força precisa ser alimentada constantemente de energia. O poder é completo, não exige nada de fora de si. O poder energiza, supre e dá suporte, vida. Observa-se que o poder está associado à compaixão, nos faz sentir de maneira positiva. A força é associada ao julgamento, tende a fazer nos sentirmos mal em relação a nós mesmos.

A maneira como vivemos define tudo. Ao olharmos para a fonte do poder, notamos que ele está associado ao significado intrínseco da própria vida. Quando nos baseamos na fonte do poder, não estamos sujeitos a provas, não é discutível. O poder baseia-se em princípios que residem dentro da nossa consciência: é a manifestação visível do invisível. Observe ainda que o orgulho, a nobreza do propósito e o sacrifício para a qualidade de vida são considerados inspirações, dando um significado à vida – esse tipo de significado é tão importante que quando perde o sentido, o suicídio geralmente acontece.

Para que fique mais claro, a força tem objetivo transitório. Quando as metas forem alcançadas, ainda vai restar um vazio. O poder nos motiva indefinidamente. Se nossa vida, por exemplo, é dedicada para o bem-estar dos outros e todos nós entramos em contato, nossa vida nunca perde o significado. Se o objetivo da vida, por exemplo, é apenas o sucesso financeiro, o que acontece depois de ser atingido? Compreende uma das principais causas da depressão na maioria dos homens e das mulheres de meia-idade?

Em outras palavras, dedique-se com amor, com propósito, a fazer aquilo que você verdadeiramente ama, pois não é dinheiro, não é força, não é bem material, é expansão de consciência da humanidade. É evoluir como ser humano trabalhando pelo seu bem e da coletividade, daqui o poder emana! Daqui sua Frequência Vibracional® é elevada.

A força tem objetivos transitórios: quando alcançadas as metas, o vazio permanece; já o poder nos motiva constante e indefinidamente. Sabemos que a mente humana acredita que nada é real até que se possa quantificar. Nada é de verdade, a menos que seja visível, quantificável e tangível.

São os padrões atratores – sua Assinatura Quântica Eletromagnética – que influenciam o todo. Tudo que há no Universo emite constantemente um padrão de energia, de uma frequência específica, que permanece para sempre e pode ser lido por aqueles que sabem como.

> Sabemos que a mente humana acredita que nada é real até que se possa quantificar.

Cada palavra, ação ou intenção cria um registro permanente. Cada pensamento é conhecido e gravado para sempre. Nada está oculto, a vida precisa que todos, enfim, sejam responsáveis perante o Universo. Como poderemos vibrar alegria, amor incondicional, abundância, de acordo com o Criador, se há alegria de ter enganado alguém, de ter se dado bem de formas que não vão de acordo com os princípios do Criador?

Precisamos alinhar nosso comportamento para podermos atrair a energia de alta frequência, ou seja, para vibrar acima do nível crítico, que é 200 Hertz.

MAPA QUÂNTICO – NÍVEIS DE CONSCIÊNCIA – AUMENTO DE FREQUÊNCIA VIBRACIONAL®

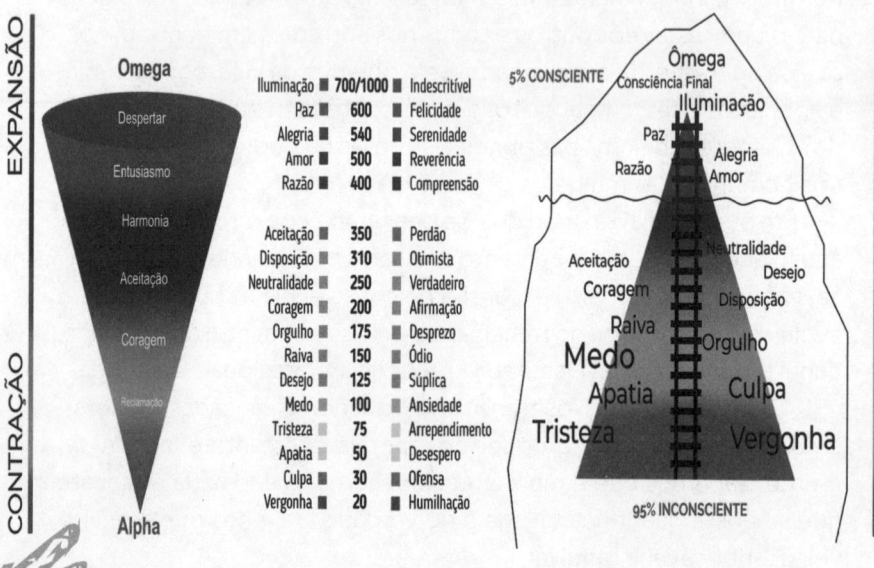

1. NÍVEL DE CONSCIÊNCIA – Consciência do Medo
2. NÍVEL DE CONSCIÊNCIA – Consciência Moral-Ética
3. NÍVEL DE CONSCIÊNCIA – Consciência Espiritual Amor

Por esses três níveis, passam os sentimentos de vergonha, culpa, apatia, tristeza, medo, desejo, raiva, orgulho, coragem, confiança, neutralidade, vontade, aceitação, compaixão, prazer, razão, amor, alegria, paz, iluminação espiritual... Especificamente no nível de consciência espiritual, atingimos intimidade com Deus e tomamos conhecimento do que Ele quer que façamos.

A evolução humana está além do que pode ser dito sobre ela. Sem um mapa na mão, o tesouro não pode ser encontrado. O mapa de consciência ilumina a unidade de toda criação, revelando a essência da energia de tudo que existe, entre humanos e não humanos, visíveis e invisíveis. O amor é mais poderoso que o ódio, a verdade é libertadora, o perdão liberta ambos os lados, o amor cura de modo incondicional, a coragem capacita, e a essência da divindade é pura paz.

> A evolução humana está além do que pode ser dito sobre ela. Sem um mapa na mão, o tesouro não pode ser encontrado.

A consciência elevada irradia benefícios positivos e cura o mundo, o músculo humano permanece forte na presença do amor e da verdade. Já os campos de energia negativos e não verdadeiros, de acordo com as pesquisas de Hawkins, induziram sempre a uma resposta muscular fraca, o que faz com que a energia da vida enfraqueça.

Devemos evitar: vergonha, culpa, confusão, medo, ódio, orgulho, desesperança e falsidade. O que eleva a vida e deve ser vivenciado e experienciado é a verdade, a coragem, a aceitação, a razão, o amor, a beleza, a alegria e a paz.

O mapa de consciência tem o poder de diagnosticar e resolver todos os bloqueios internos e doenças. E a cura só é possível por uma única razão: o amor de Deus. Portanto, para compreender a essência de qualquer coisa, é necessário conhecer a Deus.

As pessoas têm o hábito de buscar corrigir o efeito das coisas em vez da causa, o que faz com que a elevação da consciência evolua tão lentamente. Há problemas primitivos da humanidade que ainda não foram resolvidos, como a fome do mundo. O homem é presidiário de sua falta de conhecimento sobre si mesmo. É preciso aprender a olhar além das causas aparentes.

O ser humano acredita que vive em função das forças que ele pode controlar, enquanto, na verdade, ele é apenas governado por energias de fontes não reveladas. Esse é um poder sobre o qual ele não tem controle. O poder é fácil, ele segue invisível de maneira insuspeita. A força é experimentada pelos sentidos. O poder pode ser reconhecido por meio da consciência superior.

Um campo atrator (eletromagnético, pessoal ou coletivo) pode ser calibrado: pode ser você, uma empresa, uma propaganda, um livro, um filme, uma obra de arte. Isso é extraordinário. Hawkins deixou um legado incrível para mudarmos completamente nossa vida. Provando por meio de sua pesquisa aquilo que muito se fala, e as pessoas negam ou preferem não compreender. Somos, sim, campos eletromagnéticos e, de acordo com nossos padrões de comportamento, vibramos frequências altas ou baixas, atraindo assim tudo aquilo que molda nossa realidade.

Na pesquisa de Hawkins, algumas empresas foram testadas e ele chegou a certas conclusões. Para ser um sucesso, é necessário operar princípios básicos que produzem sucesso, não apenas imitar as pessoas e as empresas bem-sucedidas. Para fazer o que eles fazem, é necessário ser quem eles são.

As empresas de sucesso foram todas aquelas que tinham "coração" em oposição ao lado esquerdo do cérebro. O campo atrator se fundamenta nisso. Na emoção, na vibração do sentimento, na expansão do campo eletromagnético do coração, que é muito maior e mais poderoso que o campo do cérebro. Porque você deve sentir e ser antes de ter.

É importante perceber e sentir o seu sonho materializado e a conexão com seu Eu Holográfico®. O futuro nasce e se espelha a partir da sua natureza interior, daquilo que acredita, do padrão de suas emoções, suas crenças bloqueadoras ou potencializadoras.

Agora você é dono da sua energia. Já sabe o poder das frequências das emoções humanas, consegue relacionar com seus níveis de consciência e percepção da realidade, com a cocriação de futuros potenciais e alternativos.

A solução para concretizar a vida que deseja foi apresentada aqui e agora. Você tem acesso livre para compreender a expressão de suas emoções e os eventos que se materializam ao seu redor, todos os dias. Bem-vindo à sua nova vida! E siga comigo, porque ainda tem mais!

DNA DA COCRIAÇÃO® – TÉCNICA DA COERÊNCIA CARDÍACA PARA ATIVAR O PODER DO DNA DA COCRIAÇÃO

Toda a harmonia entre mente e coração, em fase com sua versão ideal no universo, para manifestar futuros alternativos e novas possibilidades e alterar a realidade desejada, a partir do núcleo vibracional, até atravessar às fronteiras do espaço/tempo, em contato com o duplo quântico e realidades paralelas.

Você pode acessar a técnica completa a partir do QR code:

CAPÍTULO 9

HOLOCOCRIADOR DO FUTURO

"Para descobrir quem você realmente é, você deve ir além de quem você pensa que é. Para encontrar paz, você deve ir além do medo. Para viver um amor incondicional, você deve ir além do amor condicional, aquele que vem e vai. Eu até pensei que esse livro deveria se chamar simplesmente além."

– Deepak Chopra

Você é um Holococriador do Futuro. Holo significa o todo, o próprio Universo, Deus, a Mente Cósmica, a Matriz Holográfica®. Cocriador significa criar em conjunto com o Criador, com Deus, Poder Superior.

Neste capítulo, eu vou lhe ensinar as dezesseis senhas Quânticas universais para ativar o DNA do Holococriador Quântico. Essas senhas são poderosas e destravam qualquer bloqueio que exista entre você e a cocriação da realidade futura em sintonia com o seu Novo Eu.

Entretanto, não precisa de nenhuma máquina para holococriar a vida dos sonhos, apenas sua mente, seu olhar vibracional, suas emoções, seus pensamentos e suas ações congruentes, acionados pelo movimento interno da Emosentização®, neste livro denominada Ativação Emosentizar® Hertz.

Como o futuro está gravado na molécula do DNA Quântico®, ele também está na Matriz Holográfica®, que liga tudo e todos. Toda a realidade Quântica está inscrita nos códigos do DNA e em suas moléculas, a partir da vibração emitida por seu campo relacional e Quântico. O tecido do tempo permeia sua natureza, percorre a sua consciência e se estende por todo o campo.

Tudo pode ser acessado e plenamente integrado ao *momentum* e a frações específicas de espaço-tempo. Pois apesar dessa desordem causal, incerteza e instabilidade, há uma espécie de supersimetria. E isso coloca algumas coisas no seu devido lugar. Todas as partículas fundamentais, por esse fundamento, se relacionam, mesmo com valores diferenciados nas unidades de *spin* dos átomos. Calma, é simples de entender.

Tudo está relacionado, mesmo que em constante movimento. Isso é extraordinário porque permite o seu trânsito sideral e a possibilidade de acessar qualquer realidade, ao sintonizar o seu duplo Quântico e manifestar o futuro imediato agora mesmo. Pois o poder do colapso é mágico, está registrado no seu código informacional, na frequência de luz da pineal e pode ser usado a todo instante.

> Tudo está relacionado, mesmo que em constante movimento.

Agora, aprendendo as dezesseis senhas universais, você se torna um Holococriador da sua vida. Pois você já é um Holococriador do Futuro e tem livre acesso a todas as dimensões da realidade. Com a mente, a consciência criativa e a imaginação, você tem habilidade para saltar entre as bolhas Quânticas do multiverso e identificar o futuro mais impressionante que deseja produzir.

Porque tudo pode ser observado, colapsado e dimensionado por você. O tecido do cosmos e o fractal do tempo agora são aspectos amigáveis e poderosos que você pode ser e usar a seu favor. Para isso, basta respirar fundo, fechar os olhos e experimentar o futuro escolhido agora mesmo, cruzando em instantes, por meio da manifestação de luz do seu duplo Quântico, qualquer dimensão ou espaço na Matriz Holográfica®.

É uma experiência incrível e encantadora que só depende de você, da profundidade de entendimento da sua nova existência, do poder da sua Emosentização® Hertz e da ação como um cocriador holográfico do futuro.

A seguir, você descobrirá quais são as dezesseis senhas Quânticas e o segredo para decodificar cada uma, em alta frequência, para acessar a abertura temporal até o futuro alternativo escolhido.

16 SENHAS QUÂNTICAS UNIVERSAIS PARA ATIVAR O DNA DA COCRIAÇÃO®

Você receberá agora as dezesseis senhas Quânticas para acionar o seu DNA da Cocriação® e se tornar, imediatamente, um Holococriador do Futuro. Esses códigos secretos, revelados por mim, são poderosos, decisivos e portadores dos segredos mais impressionantes do Universo e da cocriação espontânea da realidade futura.

Eles vão abrir todas as partes do Universo para você decodificar a realidade que deseja experimentar neste exato momento, facilitando seu contato, sua interação e sua conexão profunda com sua melhor versão, seu Eu Holográfico® do Futuro. Confira!

1. **INTENÇÃO.** Esse é um princípio universal para ativar o poder inato da consciência do DNA para a cocriação da realidade e manifestar qualquer desejo na vida Física do seu futuro alternativo perfeito. Quando você vibra a intenção de ajudar, o Universo recebe essa energia voluntária, o sentimento do amor e da complacência, ativada em mais de 500 Hertz. Essa frequência entra em fusão com o Universo, com seu Eu Holográfico® e com a vibração do amor. Como um espelho, o que volta é apenas alta frequência, melhores intenções e incríveis possibilidades.

2. **PENSAMENTO.** *"Nós somos o que pensamos. Tudo o que somos começa em nossos pensamentos. Com nossos pensamentos, criamos o mundo."* – Sidarta Gautama, o Buda.
   Uma das senhas para acionar o DNA do Holococriador Quântico é o pensamento. Esse agente atômico funciona como a argamassa de uma construção e como dispositivo essencial para você materializar qualquer fato futuro no momento presente. Para manifestar um desejo ou uma intenção, os pensamentos devem ser coerentes aos sentimentos e à realidade visualizada pelas pessoas individualmente. Assim, a base de toda a cocriação está em vibrações e em frequências de energia com origem no pensamento positivo.

3. **PALAVRA.** A palavra ou o verbo, escrita ou oral, tem poder para conduzir uma vida significativa, próspera e repleta de alegrias em todas as áreas. Ela transforma as frequências de energia emitidas por você a partir da emoção depositada em cada emanação Quântica de acesso ao duplo e ao futuro alternativo desejado. Do mesmo modo, quando você escreve mensagens, também consegue moldurar uma Frequência Vibracional® transmitida

para o Universo e, consequentemente, sintonizar ou cocriar uma realidade futura sonhada e transportá-la para o presente, a partir do conteúdo repassado ao Campo Quântico do Universo (Matriz Holográfica®).

4. **OS CINCO SENTIDOS.** Os sentidos humanos, nesse processo para cocriação futura da realidade, são fundamentais. Eles devem ser usados por você e estar alinhados vibracionalmente para manifestar o desejo pretendido em sintonia com seu duplo. Esses cinco sentidos, como a senha para ativar o DNA da Cocriação®, são interpretados como:

- Imagens mentais.
- Sentimentos percebidos.
- Experiência real da fé.
- Ouvir o Eu Superior.
- O sonho percebido e tocado.

5. **HARMONIA.** A sinfonia do Universo é a harmonia e o equilíbrio entre tudo e todas as coisas. Se você quiser materializar os próprios sonhos futuros, no momento presente, em sintonia com o Novo Eu, deve buscar essa harmonia entre os pilares e as senhas da cocriação da realidade, de uma vida sistêmica e coerente às leis do cosmos. Essa harmonia começa pelo alinhamento das três mentes: inconsciente, consciente e superior (Mente de Deus), e reflete, diretamente, na paz interior ao equilibrar todas as áreas da vida. Você, eu, todos nós podemos e somos merecedores de toda a abundância oferecida pelo Universo, porque somos o próprio Universo e estamos integrados a esse tecido cósmico e Quântico desde o início e a origem de todas as coisas criadas e irradiadas por Deus.

6. **AMOR.** Considero essa uma das senhas mais importantes para decifrar as leis máximas do Universo e ativar 100% o seu DNA de Holo Cocriação Quântico, para manifestar a vida que deseja e os seus sonhos hoje mesmo. Para cocriar qualquer realidade em harmonia com a energia primordial (Deus), você deve, antes de tudo, entrar na frequência do Universo. Essa frequência, de acordo com

a Tabela da Consciência, vibra em 500 Hertz. Ela está em sintonia com as vibrações do amor e da alegria. Por isso, quando você emana amor e alegria, dispara as ondas cerebrais gama, da cocriação futura. Tudo parece fluir de maneira mais suave e tranquila em todas as áreas da vida.

7. **ALEGRIA.** Da mesma maneira, a frequência da alegria também aparece entre as senhas mais importantes para alcançar o futuro desejado, ativando o seu DNA do Holococriador Quântico, em sintonia com o seu Eu Holográfico®. A alegria, na Escala Hawkins, é considerada a frequência dos milagres. Esse sentimento, assim como o amor, vibra em torno de 540 Hertz e promove a expansão da consciência em níveis muito elevados, até o contato com seus Eus Holográficos® infinitos. Por isso, viva com alegria, e o segredo para manter esse estado de profundo colapso é fazer isso no momento presente, em seu estado de presença contínuo.

8. **FÉ.** "Felizes aqueles que creem sem ter visto!", nos diz Jesus. Essa senha abre todas as portas Quânticas do Universo para cocriar o seu futuro provável agora. Com a fé, você ativa a frequência original do seu DNA do Holococriador Quântico. A emoção da fé é poderosa. Ela é lançada ao Universo por meio do poderoso campo do coração, aumentando ainda mais suas chances para colapsar a realidade desejada em algum futuro alternativo.

9. **SOLTAR.** Não aflija a alma, não perturbe a mente ou estresse o coração. No Universo, tudo é perfeito, harmônico e tem o tempo exato para manifestação da realidade. Isso, entretanto, não significa ficar imóvel ou inerte, sem nenhuma ação ou atitude para cocriar a própria realidade e acionar os poderes do seu duplo Quântico. Ao contrário disso, você deve agir, mas agir de modo inteligente, com sabedoria e com paciência para conquistar todos os seus desejos e ativar o seu DNA do Holococriador. Pois, tudo, absolutamente tudo, já existe no Universo das infinitas possibilidades. Você precisa apenas saber pedir, acreditar e acessar a própria essência, o Deus que habita a sua mente e o seu coração.

Você precisa soltar e confiar. Essa é a senha mágica para sintonizar a realidade e o futuro que mais deseja.

10. **PAZ.** Alcançar a paz é um estágio avançado da evolução humana e fundamental para a expansão da consciência planetária, na ativação total do seu DNA do Holococriador. A paz vibra em 600 Hertz e tem total transcendência e acesso a todos os futuros potenciais que deseja experimentar em sintonia com seu Novo Eu. Vale destacar que esse nível é atingido por apenas uma pessoa em 10 milhões de seres. A paz encontra-se numa vibração muito próxima à iluminação, quando o ser humano, definitivamente, se funde ao todo, a Deus, à Matriz Divina. E você consegue romper qualquer dimensão e estar conectado a todos os futuros possíveis.

11. **SENTIMENTOS ACELERADOS.** Não é o pensamento que cria e holococria a realidade, e sim o sentimento. Isso mesmo! Os sentimentos e as emoções são os responsáveis pelo colapso de função de onda com o seu Eu Holográfico®. Sobretudo, porque nosso coração é muito mais poderoso no campo do Universo para transformar a energia solta das partículas atômicas em realidade material e visível em nosso mundo. O coração, ao sentir uma forte emoção, emana um campo eletromagnético cinco mil vezes mais potente ao campo da mente. Incrível, lindo e fantástico! E essa energia, liberada pela força dos sentimentos, o possibilita navegar por todo o oceano de possibilidades do cosmos.

12. **UNICIDADE.** Todos nós pertencemos a uma mesma unicidade consciencial ou a uma mesma Consciência Universal, individualizada a partir das experiências evolutivas de cada ser, cada pessoa, cada personalidade, que transita por todos os horizontes, a exemplo do seu duplo Quântico. O problema é que muitas pessoas ainda não despertaram para a realidade Quântica e estão presas à *Matrix*. Por isso, não conseguiram ativar o DNA do Holococriador Quântico nem conhecem o poder da senha vibracional da unicidade para entrar em sintonia com o Novo Eu e com futuros alternativos. Deus habita a nossa alma, está na nossa casa. Por isso, temos todas as respostas impressas na molécula

do nosso DNA, na estrutura dos átomos e das células, em fase com o duplo perfeito, em forma de onda e energia. Tudo está conectado e tem unicidade. Por isso, tudo que precisamos e todos os futuros alternativos estão registrados informacionalmente na nossa mente cósmica (Holográfica) e em todo o nosso campo relacional.

13. **PERDÃO.** O perdão é uma das senhas vibracionais mais poderosas e eficazes para liberar a vibração do seu DNA do Holococriador. Primeiro porque o perdão libera o seu campo e coloca você em alta frequência, em velocidades compatíveis ao futuro escolhido, em uma jornada de luz pelas aberturas temporais do tempo. O perdão religa você com o divino, com a natureza do seu Eu Holográfico® e com a fonte de possibilidades infinitas. Certamente, é a senha mais rápida para abrir as portas da felicidade e de todo o amor que possa existir no Universo. Perdoe e direcione sua atenção à memória do futuro potencial que deseja vivenciar agora.

14. **EXPERIÊNCIA.** Você não deve esperar o futuro para experimentar a vida dos sonhos. Isso porque todos os desejos já existem em superposição no Universo das infinitas possibilidades em fase com seu duplo Quântico. A senha para ativar o seu DNA do Holococriador, aqui, é experimentar a realidade que deseja, primeiramente, dentro de você, com suas emoções, seus pensamentos, sua intenção, seu desejo e muita vontade, como se fosse real. Pode usar o exemplo da casa dos sonhos, do carro e do sucesso que busca na vida. A Holo Cocriação disso tudo nasce por meio da sua experiência interior.

15. **CONGRUÊNCIA.** Bob Proctor, grande mestre da Lei da Atração, afirmou: "Tudo o que acontece na sua vida é você que atrai. É fruto do que você pensa. Observe o que está passando pela sua mente. Você está atraindo isso tudo".
Por isso, os pensamentos, os sentimentos e as atitudes precisam entrar em congruência com o futuro que deseja viver agora, ao sintonizar a frequência do Novo Eu, para concretizar ou holocriar todos os seus sonhos. Vou dar um exemplo bem prático.

Você deseja ser um palestrante reconhecido e famoso. Então, viva como se fosse um, sinta-se assim, pense como um conferencista, modele a realidade que deseja. Sinta, pense e aja desse jeito. Essa é a congruência para manifestar o futuro que deseja em contato com sua versão Quântica perfeita no Universo.

16. **GRATIDÃO.** A gratidão é a senha mais importante de todas porque espelha,para o seu duplo e para o futuro que deseja viver, a mesma frequência que receberá em troca, colapsando seus sonhos futuros e promovendo a integração total com seu duplo Quântico. Ao agradecer, você libera a força de vibração do seu DNA da Holo Cocriação, porque o Universo apenas espelha o que você é, e não o que deseja ser na vida. A gratidão é uma energia de alta frequência que consegue penetrar em qualquer camada ou dimensão do Universo, por meio do seu duplo Quântico, à procura de soluções e de repostas condizentes com seus mais íntimos desejos.

PONTOS DE CONEXÃO ENTRE VOCÊ, SEU SONHO, O EU HOLOGRÁFICO® E A COCRIAÇÃO DA REALIDADE

DICA 1: Não existe o outro. Todos somos um, em estados vibracionais diferentes. Por isso, não adianta se lamentar e ficar magoado eternamente. Quando entender essa dinâmica, perceberá que o seu duplo existe em várias versões Quânticas, está integrado a tudo e a todos, e você pode experimentar qualquer dimensão da realidade ou expressão da vida, quando abrir a mente para essa nova experiência. Livre desse condicionamento, você expande a consciência, se liberta de crenças e abandona definitivamente o papel de vítima e de frequências inferiores. Como já vimos, o que emite e deseja para o outro está, na verdade, desejando para si, em termos vibracionais e reais.

DICA 2: Quais óculos você usa? Os óculos com o filtro da mente inconsciente, com tudo aquilo que aprendeu como verdade, crenças, ideias, pensamentos e condicionamentos? Ou passou por um processo de ressignificação e de libertação emocional? O acesso ao Duplo não depende propriamente da limpeza das crenças, mas da liberdade emocional e do modo como sente. Você precisa se desprender da ideia de uma vida imutável para a existência de um Universo de infinitas possibilidades. Tudo o que fizer sob essa ótica depende de como se sente, do que carrega no seu coração e da sua habilidade de dizer mais sim do que não. O seu Duplo está guardado na sua capacidade de sentir uma emoção acelerada, dando significado à vida que deseja experimentar, com os óculos de longo alcance.

DICA 3: Seja a vida que deseja ter, antes mesmo de tê-la. Construa essa ideia dentro de você e transmita todas essas sensações profundas em forma de pedidos para o seu Duplo Quântico. No método do Salto Duplo Quantum®, você aprendeu a fazer isso: basta fechar os olhos, acreditar, viver, experimentar e vibrar seu desejo, como se já o tivesse em suas mãos, para poder sentir esse gosto tão especial da vitória. Pois você já é rico, milionário, bem-sucedido, realizado, completo e feliz. Tem todo o amor e o reconhecimento que busca **agora**, no horizonte de eventos emaranhados, da Matriz Holográfica®.

DICA 4: Domine, controle e troque seus velhos paradigmas e crenças, se for preciso, para manifestar o encontro com seu Duplo Quântico e a materialização do futuro que deseja. Você precisa romper as barreiras, os medos, os condicionamentos e as crenças absorvidas na vida, em especial sobre o mundo material, para viajar no tempo com a mente, o coração e com a ideia de manifestação de uma vida esplendorosa neste instante em fase com seu Eu Holográfico®.

DICA 5: É preciso, muitas vezes, superar seus medos e suas sombras para avançar e contatar o Eu Duplo Quântico. Eu chamo isso de superar a barreira do terror – quando você fica refém de algum campo repelente, medo ou deixa de progredir por alguma emoção confusa, mesmo depois de percorrer quase todo o caminho traçado. Por exemplo: você está em meio a uma dieta e pensa: "Ah, mas como é difícil emagrecer"; ou está querendo mudar de cidade e vem aquele pensamento: "Mas será que eu vou me acostumar ou conseguir viver nessa cidade?" Essa barreira do terror coloca em dúvida seu potencial e a capacidade de viver o melhor futuro possível em sintonia com o seu Eu Holográfico®. No entanto, você deve acreditar em si, no Criador e na manifestação extraordinária do seu Duplo, que lhe apresentará todas as respostas e soluções que busca hoje, de maneira natural e espontânea, ao percorrer todo o raio dinâmico e holográfico do futuro no Universo. Isso, certamente, vai romper com a barreira do terror.

DICA 6: Prepare-se, porque, nesse momento de despertar, algumas catarses poderão acontecer e transcorrer, sejam emocionais, energéticas ou espirituais. Porque você, simplesmente, está mudando de dimensão e isso implica muitas variáveis. Sua frequência muda seu modo de pensar, agir, sentir, Emosentir®, até suas companhias podem e vão mudar. Esse é certamente um estado de purificação e de harmonização, algo primordial para a sintonia com o Eu Holográfico®, pois o seu Duplo também está em um estado perfeito e harmônico em fase com o Universo. E você precisa disso também para romper a barreira do espaço-tempo e manifestar o futuro alternativo apresentado como solução por seu Duplo Quântico.

DICA 7: Isso é possível porque você existe como dualidade da matéria, como partícula e onda ao mesmo tempo – corpo e energia. Você pode acessar, por meio de incursões mentais projetadas por energia ondulatória, qualquer futuro escolhido no espaço-tempo em sintonia com o Eu Holográfico®

DICA 8: A realidade desejada é fabricada pelo potencial de cada pensamento. Por isso, toda vez que você pensa, de modo sistemático, em algum futuro, automaticamente inscreve a mesma realidade vibracional no fluxo do tempo e na Matriz Holográfica®. Seja para o bem, seja para o mal. O futuro em sintonia com o Eu Holográfico® começa com a faísca Quântica do seu pensamento e o desejo mais intenso dentro da sua mente.

DICA 9: Engane sua mente e viva a realidade que deseja dentro de si. O que vale é o que vibra e sente. Então, feche os olhos agora, viaje mentalmente, sinta, perceba e experimente o seu desejo de manifestação do seu Duplo Quântico. Perceba como ele é poderoso, onipotente, perfeito, feliz, alegre e totalmente realizado. Veja com os olhos da mente e do coração.

DICA 10: Carregue o sentimento de realização dentro de você. Esqueça o passado, o futuro ou qualquer expectativa, porque tudo já existe e você precisa contemplar seu estado de presença. Ou seja, o Estado do Agora, que manifesta seu Duplo Quântico mais avançado em busca de soluções para seu presente na atual realidade.

DICA 11: A realidade é nula até que você entre em contato e observe seu desejo, por meio da experiência colapsada e cocriada conscientemente no futuro observado e memorizado por seu Duplo Quântico. Você dá significado para tudo e esse significado é válido a partir do que acredita e tem como crença. Por isso, não existe qualquer concepção, certa ou errada, julgamentos ou percepções definitivas. É você quem dá a definição e ela entra em sintonia com seu Duplo em infinitos futuros colapsados por seu olhar Quântico.

DICA 12: Há um intervalo no espaço-tempo entre o "Eu Consciente" e o "Eu Holográfico®". Esse intervalo é imperceptível, mas permite a troca de informação entre esses dois tempos diretamente na memória do futuro ou no registro akáshico da realidade. Isso se chama, segundo a Física Quântica, "hiperincursão" ao local em que está seu Duplo.

DICA 13: Temos dois mundos idênticos que existem em tempos e velocidades diferentes. Em cada mundo, há um eu de você. Um deles, de acordo com o cientista Jean-Pierre Garnier Malet, é mais rápido e o outro mais lento. O mais rápido está no futuro e o mais lento, no presente. Por meio da visualização holográfica, meditação Quântica, processo criativo e de imaginação, você consegue romper a barreira do espaço-tempo e acessar o mundo mais acelerado até seu Duplo Quântico. Ou seja, com maior velocidade, compatível com o futuro e, assim, antecipar informações e trazer conteúdos preciosos para manifestar em sua vida no momento presente.

DICA 14: Você pode obter as informações do futuro por meio das aberturas temporais imperceptíveis. Mas como? Por meio da manifestação do seu corpo mental e energético, projetado por sua mente e sua consciência. Malet explica que o desdobramento do tempo permite o salto Quântico para qualquer realidade desejada, em diferentes frações do tempo. Nossas células, nossas moléculas e nosso DNA recebem a informação por meio do corpo energético para experimentar o futuro provável escolhido pelo Duplo Quântico. O melhor estado para ingressar nas aberturas temporais e acessar o futuro do seu Duplo é o estado de dormência ou quando se está prestes a acordar. São nesses instantes que a barreira do tempo é rompida e suas visualizações de futuro e do seu Eu Holográfico® são colapsadas no momento presente.

DICA 15: Use o poder da mente para contatar o seu Duplo Quântico avançado. Mas como fazer isso? Apenas seja positivo, troque o não pelo sim e fique disponível para a manifestação do seu Eu Holográfico®. Faça isso porque o cérebro não reconhece a palavra "não". Este é um passo fundamental para se tornar o cocriador consciente do seu futuro potencial.

FIVE NEURO JUMPING® – PRÁTICAS PARA SALTAR NO TEMPO E SINTONIZAR O DUPLO QUÂNTICO (EU HOLOGRÁFICO®) NO HORIZONTE INFINITO DO UNIVERSO HOLOGRÁFICO

São 5 técnicas rápidas para você aplicar no dia-a-dia e sintonizar o seu novo eu. Com isso, você pode buscar respostas, soluções imediatas e transformar o seu destino com informações privilegiadas trazidas do futuro por seu duplo quântico, no horizonte de eventos do universo holográfico, até o seu momento presente

Você pode acessar a técnica completa a partir do QR code:

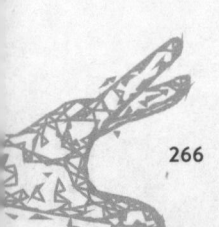

CAPÍTULO 10

TÉCNICAS E PRÁTICAS QUÂNTICAS QUANTUM SLEEP®

FERRAMENTAS HOLOGRÁFICAS PARA SINTONIZAR O EU HOLOGRÁFICO® E COCRIAR A REALIDADE INSTANTANEAMENTE

Agora que você aprendeu todos os conceitos, rompeu os cadeados e descobriu as senhas para ativar o seu DNA do Holococriador, vou passar práticas, dicas, exercícios, técnicas e meditações poderosas para acelerar ainda mais a sua sintonia com o **Eu Holográfico®**, que pretende manifestar hoje, além de ajudar a resolver todas as pendências que ainda estejam em sua vida. Confira!

REGRAS PARA COCRIAR TUDO O QUE DESEJAR! SOLUÇÕES POSSÍVEIS, IMPOSSÍVEIS E URGENTES

REGRA INFALÍVEL 1: SEJA BENEVOLENTE. Ao longo do dia, seja e viva o amor que existe em você e em conexão com o Criador. Ame tudo e a todos, sem distinção. Seja fraterno, bem-disposto, amoroso, benevolente e generoso. Preserve emoções elevadas, pensamentos produtivos e sua paz interior. O amor está no ar e ele pulsa e respira dentro de você. Mantenha esse estado de benevolência durante todo o dia, até sua meditação noturna, antes de dormir e sintonizar seu Duplo Quântico.

REGRA INFALÍVEL 2: LIMPEZA MENTAL. Já no quarto de dormir, após a Respiração HÁ, antes do contato com seu Duplo Quântico, busque o silêncio interior. Tente, inicialmente, não pensar em nada, esqueça as preocupações, os problemas cotidianos e foque apenas em você, no amor que existe dentro de você e na sua natureza de luz. Ao entrar nesse fluxo de calmaria, imagine-se embaixo de uma árvore frondosa, cheia de flores, frutos e um perfume delicioso, suave e marcante. Nesse momento, observe os mínimos detalhes desse espaço. Cada detalhe possível: cores, formas, aromas, brilhos; sinta o ar fresco, o vento suave e a luz amena que enche de energia seu corpo astral ou Quântico. O objetivo, aqui, é limpar a sua mente como preparação para o contato com seu duplo Quântico.

REGRA INFALÍVEL 3: PROJEÇÃO HOLOGRÁFICA. Após a limpeza energética e mental, você vai se perceber saindo do seu corpo como uma projeção holográfica de si mesmo, em seu nível de consciência desdobrado quanticamente. Perceba-se subindo, gradativamente, até observar o planeta como uma grande esfera. No espaço iluminado, visualize o seu Eu Holográfico® flutuando em direção a você. Ele se aproxima e pergunta para você: o que deseja?

REGRA INFALÍVEL 4: O QUE VOCÊ DESEJA? A dica é fazer um pedido apenas. Pode ser no campo afetivo, financeiro, profissional, da saúde, familiar ou qualquer outra área que deseja manifestar. O seu **Eu Holográfico**® escuta seu pedido, o abraça e, assim, automaticamente, renova toda a energia do seu campo relacional. De imediato, ele se torna luz e se expande para todo o Universo à procura da solução diretamente na Matriz Holográfica® para manifestar o melhor futuro alternativo acerca do pedido manifestado no momento presente em sua vida. Então, você regressa automaticamente ao seu corpo. Pode ser que esteja dormindo ou não. A resposta do duplo Quântico será imantada, naturalmente, em sua vida e isso será manifestado por meio de vários eventos repletos de sincronicidade nos próximos dias.

QUANTUM SLEEP ® LUZ GAMA – DECRETO QUÂNTICO PARA SINTONIZAR O NOVO EU NA ABERTURA DO TEMPO

"Eu, consciente da presença do Novo Eu, convoco a minha versão Quântica perfeita, pelas aberturas temporais, no espaço do tempo imperceptível, no horizonte do inconsciente, antes de entrar no sono de benevolência e amor universal, em auxílio neste Decreto para Manifestar o futuro alternativo. Que o Amor do Supremo Eu Holográfico®, que se

manifesta através de mim, amplie minha percepção do tempo e da realidade no Universo Quântico. Abro todos os portais do tempo para o meu Eu Holográfico® do Futuro buscar as soluções e as respostas imediatas no campo das infinitas possibilidades sobre meus pedidos mais urgentes, em diferentes áreas, que possam melhorar a minha vida, expandir a minha consciência e acelerar o meu processo evolutivo de reconexão com a fonte Criadora. Invoco, do fundo do meu coração, um feixe de raio dourado, com a frequência da luz gama, que potencializa a frequência do meu campo eletromagnético e abre todas as fendas do tempo até o futuro alternativo compatível com os meus sonhos. Decreto, então, que todos os bloqueios, crenças, traumas, medos, doenças, neuroses, ausências, faltas, omissões, negligências, incoerências e autossabotagens sejam dissolvidos pelo raio cósmico de vibração emanado por meu duplo Quântico em todo o meu Ser e em minha natureza divina.

Decreto que todas as aberturas do tempo sejam liberadas para o trânsito do meu Eu Holográfico® no campo das infinitas possibilidades, em busca de soluções imediatas e perfeitas para a atual vida no momento presente. Decreto que as energias de baixa vibração sejam eliminadas por meu duplo Quântico e que apenas luz, harmonia, satisfação, bem-estar, paz interior, alegria, gratidão e amor imperem em toda a minha existência. Decreto que estou livre para viajar no tempo através do meu Eu Holográfico®, trazendo futuros potenciais e prováveis para o meu melhor momento presente. Todas as aberturas do tempo, em perfeita harmonia com meu Eu Holográfico® do Futuro e minha realidade atual. Decreto que minha vida hoje seja transformada em luz, amor e inspiração trazida pelo meu duplo ideal. Eu Sou duplo Quântico livre. Eu Sou o futuro potencial de amor e gratidão. Eu Sou o futuro que Eu Sou."

QUANTUM SLEEP® SINTONIZE COMANDO QUÂNTICO - MEDITAÇÃO HOLOGRÁFICA E VIBRACIONAL PARA CONTATO COM O DUPLO QUÂNTICO

PREPARAÇÃO: Ao longo do dia, beba bastante água (as informações do duplo são retidas pela água, pelo líquido e pelo fluido do corpo).

1. Antes do contato com o seu duplo Quântico, pense em um único objetivo que queira manifestar.

2. Reserve um espaço tranquilo, calmo e separado para fazer a oração antes de dormir. Nesse dia, você deve, preferencialmente, estar sozinho ou sozinho ao longo da noite para não sofrer qualquer tipo de interrupção.

COMANDO QUÂNTICO

Essa **meditação** vai permitir que o seu duplo Quântico viaje ao campo das infinitas possibilidades e busque a solução mais adequada que precise para sua vida atual e para materializar seu desejo mais intenso.

"Meu Eu Holográfico® querido e perfeito, por favor, procure a resposta livre que busco no campo das infinitas possibilidades. Encontre a solução ideal para materializar o meu desejo (diga qual é o seu sonho no atual momento) direto na Matriz da Criação e Holográfica e traga as informações de que preciso do futuro alternativo. Traga as respostas e memorize no meu coração e na minha mente. Limpe o meu Campo Quântico e me liberte de todos os bloqueios e cadeados que ainda possam estar impedindo o meu caminho. Por favor, com todo o meu amor, estou aberto para receber mais esse aprendizado e transformar meu sonho em realidade presente.

Gratidão por me escutar e buscar o melhor destino para mim!"

EU SOU VOCÊ. EU SOU O FUTURO. EU SOU O DUPLO QUÂNTICO PRESENTE.

A resposta que procura chegará rapidamente, em menos de sete dias, por meio de eventos, encontros e todo o tipo de sincronicidade que imaginar, na organização do Campo Quântico a seu favor.

Você pode acessar a técnica completa a partir do QR code:

QUANTUM SLEEP ® FUTURE – TÉCNICA DAS ONDAS DO FUTURO PARA CRIAR O EU IDEAL (HOLOGRÁFICO®) HOJE

Você pode fazer essa técnica antes de dormir ou logo após acordar.

Deite-se confortavelmente na cama. O local deve ser tranquilo e silencioso.

Desligue também o aparelho celular ou qualquer outro equipamento eletrônico.

Faça a Respiração HÁ antes de começar a técnica.

Silencie a mente, acalme o coração e procure eliminar qualquer pensamento negativo ou emoção nociva.

Entre em estado de paz interior. Imagine-se envolto por um mar de energia, em que você consegue perceber e visualizar ondas de vibração de várias cores: dourado, violeta, laranja, rosa, azul, verde, pérola etc.

Essas ondas desembocam em você por todo o seu corpo e campo relacional, como as ondas que quebram na orla de uma praia.

Você sente bem-estar, alívio, êxtase, sensação de paz, tranquilidade e calmaria instantaneamente.

Você recebe todas as ondas de futuros alternativos e potenciais. Elas trazem hologramas com soluções e respostas diretamente do seu futuro.

Então, uma onda maior do futuro se aproxima e toma a forma do holograma do seu duplo Quântico. Ela se transforma no seu Eu Holográfico® em sua frente e apresenta sua versão perfeita, cheia de amor, de prosperidade, de felicidade, de sucesso, de saúde e de sonhos realizados.

A Onda do Futuro, com a forma do seu Novo Eu, então, produz um redemoinho de luz, fótons e partículas douradas, que começam a penetrar em todo o seu Campo Quântico, com novas informações do futuro plasmadas em você pelo seu chacra coronário.

Nesse momento, você se sente leve, pleno, tranquilo, capaz, poderoso, transformado e conhecedor do melhor futuro possível de sua versão holográfica perfeita.

Feita a prática, logo depois de acordar ou levantar da cama, você deverá tomar um banho com água em temperatura mais morna para manter o seu estado de relaxamento fisiológico por algum tempo, até que todas as informações do futuro sejam plasmadas no seu Campo Quântico para você cocriar seus desejos atuais.

QUANTUM SLEEP MONEY® - PRÁTICA QUÂNTICA PARA DINHEIRO

Logo pela manhã, antes de acordar, ainda em estado de dormência, com as ondas cerebrais mais reduzidas e de olhos fechados, você vai imaginar à sua frente o holograma do seu duplo Quântico. Ele é você em estado de perfeição, pura energia e amor.

Ambos em pé, coloque a mão direita no coração do seu Duplo e ele no seu coração. Nessa troca, você, mentalmente, faz o pedido financeiro que deseja conquistar para a sua vida nesse momento presente.

Nesse instante, o seu duplo absorve todas as informações Quânticas, as emoções e o que você procura materializar nesse campo em sua vida. Ao mesmo tempo, ele começa a subir e desaparece rapidamente à procura da solução em toda a multidimensionalidade. (Dica: visualize um túnel holográfico que desce do céu até o seu quarto. Na abertura temporal desse túnel, está o seu duplo Quântico.)

Dessa vez, ele aparece enorme, brilhante, com mais de 3 metros de altura. Então, um raio dourado é lançado da sua testa e se conecta com o seu chacra frontal, apresentando em forma de imagens holográficas, ideias, insights, inspirações e soluções imediatas as respostas que procura para resolver a questão financeira no momento. O seu duplo traz, assim, a melhor resposta após percorrer todas as infinitas possibilidades, ao longo do dia, sobre essa questão financeira.

Naturalmente, após a prática, eventos, circunstâncias, encontros e fatos serão evidenciados para você e trarão, sincronicamente, o resultado que busca para solucionar essa situação.

CONCLUSÃO

DEZESSEIS CONCLUSÕES DEFINITIVAS SOBRE O DNA DA COCRIAÇÃO®

"Nosso duplo experimenta muito rapidamente o nosso futuro e por aberturas imperceptíveis entre os dois tempos, presente e futuro, os intercâmbios permanentes de informações nos levam no caminho certo".
– Jean-Pierre Garnier Malet

Nada mais pode impedir a realização dos seus sonhos – nem de resolver sua vida – ao antecipar o futuro no momento presente. Uau! O futuro é aqui e não está mais em um horizonte imperceptível e inalcançável. A partir da leitura deste livro, você se tornou um viajante holográfico. Um saltador Quântico da realidade que tem poder supremo para cocriar qualquer evento na vida e no Universo.

> Nada mais pode impedir a realização dos seus sonhos – nem de resolver sua vida

O mais incrível é que o tempo não é mais uma sucessão linear de acontecimentos, especialmente no que diz respeito à manifestação dos seus desejos. Exatamente isso. Na verdade, o espaço-tempo é um todo uno! E você é dono dele. Pode dobrá-lo, desdobrá-lo e convertê-lo, perfurando a própria gravidade para modelar a holografia Quântica de todo cenário, cocriando a realidade que desejar.

Quero apresentar, a seguir, as dezesseis conclusões definitivas e finais sobre o *DNA da Cocriação®* – *Sintonize seu Novo Eu*, por meio do Salto Duplo Quantum®. Confira e tire as melhores percepções para si e para o futuro que deseja manifestar hoje.

1. **OS MINIUNIVERSOS.** Segundo a teoria do físico John Archibald Wheeler, "o espaço-tempo não é constante, mas espumoso".

   É como se esse espaço-tempo fosse composto de minúsculas bolhas que sempre estão em mutação, como se fosse uma gigantesca bolha ou inúmeros miniuniversos que se formam e entram em pleno colapso dentro do nosso. Nessa bolha, podemos experimentar a realidade sobre diferentes versões da nossa personalidade e suas consequentes escolhas. Em outra linguagem, é como se, entre um intervalo e outro, existisse um tempo duplicado, só que em uma velocidade que parece, para nós, muito rápida, portanto, imperceptível.

2. **CAUSAÇÃO DESCENDENTE.** Se a consciência é a origem de tudo, ela é a única coisa capaz de conseguir materializar uma partícula. Há a consciência que precede a matéria e dá origem à realidade, fazendo com que a realidade surja a partir dessa percepção, e não da matéria. Você é o cocriador da sua realidade.

3. **OBSERVADOR.** A realidade acontece a partir do momento em que uma consciência, que aqui vou chamar de Observador, observa a onda de possibilidades e cria uma intenção a partir dela para determinar o que acontece.

4. **NÃO LOCALIDADE.** É nessa não localidade que existe uma Elainne que se comporta como onda, sendo uma manifestação da consciência de cada pessoa fora do espaço-tempo, em que essa consciência (Eu Holográfico®, Eu Quântico, Eu Superior ou Parte Mais Sábia) consegue se deslocar livre das limitações da terceira dimensão. Nessa não localidade, a "outra Elainne" se comporta como uma onda, e não como uma partícula.

5. **TEMPO QUÂNTICO.** Tudo está acontecendo ao mesmo tempo, porque na verdade, na não localidade, não existe passado nem presente ou futuro. O tempo Quântico só pode ser percebido quando se está entregue ao eterno agora ou a um estado de não mente.

6. **ONDA-PARTÍCULA.** Dessa maneira, se tudo é partícula e onda ao mesmo tempo, eu, como Elainne Ourives, estou o tempo todo nesses dois estados. Assim, quando me comporto como onda é porque já perdi a limitação de partícula e passei a fazer parte da não localidade. Nesse estado de não localidade, a Elainne que se comporta como onda pode transitar em qualquer espaço-tempo, em que passa a ter acesso às melhores informações, permitindo a mim, aqui no plano físico, adequar minhas escolhas e cocriações a um padrão mais favorável. Além de adequar a uma nova percepção, que só foi possível por causa da "outra Elainne", que tem acesso a todos esses potenciais futuros.

7. **O TEMPO E AS ABERTURAS TEMPORAIS.** Imagine que a linha abaixo representa o tempo como uma pessoa comum o enxerga, por meio de segundos, minutos e horas, totalmente linear.

_____ = Tempo percebido como contínuo.

01 _____ 02 _____ 03 = Tempo percebido como uma separação entre passado, presente e futuro.

_____= Tempo percebido como linear e contínuo.

____ ____ ____ ____ ____ = Tempo em *frames*.

Em razão das propriedades do princípio onda/partícula e da velocidade superior à da luz que se alcança, por meio do pensamento, o ser humano tem a capacidade vibracional para acessar as aberturas temporais e viajar por diversas realidades simultâneas. Observe abaixo:

VVVV = Aberturas temporais.

____ ____ ____ ____ ____ = Tempo em *frames*.

_____= Tempo percebido como linear e contínuo.

8. **ENERGIA (ONDA), MATÉRIA (PARTÍCULA).** Essa parte energia (onda), seja sua, minha, dos meus filhos ou de qualquer pessoa no Planeta Terra, em forma de onda, é denominada duplo Quântico

e tem a capacidade de viajar pelas aberturas temporais e ajudar sua parte matéria (partícula) a resolver seus problemas e criar um futuro melhor para si. Quero lembrar que isso só é possível por causa da dualidade da matéria que, sendo corpo e energia ao mesmo tempo, está apta a buscar informações a velocidades muito superiores à da luz, o que Malet chama de "velocidades ondulatórias".

9. **UNIVERSO GÊMEO.** Imagine que exista uma Elainne vivendo em um país idêntico ao Brasil, como se fossem dois países iguaizinhos, com a mesma população e realidade, sem nenhuma distinção. Ou melhor, a única diferença entre os dois países é que as coisas transcorrem em velocidades diferentes. Uma Elainne está em um Brasil que apresenta uma velocidade extremamente lenta, em que tudo acontece de maneira muito gradual. Já a outra Elainne encontra-se em outro Brasil, em que tudo acontece muito depressa, mas tão depressa que a Elainne que está no Brasil de velocidade acelerada torna-se imperceptível para a outra Elainne. As duas, porém, estão sob a mesma realidade – uma em velocidade rápida, e a outra em velocidade lenta.

A Elainne que está no Brasil em que tudo acontece de maneira rápida pode informar a Elainne que está no Brasil lento sobre tudo o que pode acontecer com ela, ajudando-a a escolher o caminho mais adequado para se experienciar uma vida de prosperidade e plenitude.

10. **EU HOLOGRÁFICO®.** Uma vez que a Elainne onda sou eu, isto é, já que o meu Eu Holográfico® sou eu, esse Eu Holográfico® sempre estará disposto a criar um futuro mais perfeito para mim. Entende isso?

Apresentando essa mesma afirmação de outra maneira, o seu duplo Quântico sempre terá condições de apresentar as informações necessárias para solucionar qualquer problema que você tenha, porque cada um dos seus duplos traz uma resposta para o que você precisa. Sabe o que isso também implica? Todas as células do seu corpo físico obedecem à vontade desse Eu Holográfico®. Portanto, toda pessoa que se mantiver em contato com o seu duplo conseguirá confiar plenamente em seu futuro porque estará recebendo as informações que mostrarão quais são as melhores possibilidades futuras para fazer a sua melhor escolha.

11. **ESTADO REM PROJETIVO.** "Elainne, como posso entrar em contato com essa parte que parece ter sido ignorada por mim uma vida inteira? Como posso conversar com ela? Como posso ouvir suas orientações?"

Na fase mais profunda do sono, próximo ao seu estado REM, você pode dar um novo comando (orientações, resolver problemas ou mostrar suas intenções e seus desejos) para a sua mente. Nesse momento, existe um aumento da atividade cerebral e, quando isso ocorre, passa a existir um intercâmbio entre o corpo energético e o corpo físico, sendo, por essa razão, o momento mais ideal para fazer essa troca de informações.

Outro aspecto importante a ser ressaltado é que essa troca de informações permite corrigir o futuro que você criou durante o dia, possibilitando que, no dia seguinte, a sua memória seja alterada e programada para uma nova informação.

12. **ADORMECER PENSANDO NO QUE DESEJA.** A ideia seria você conseguir ir dormir como se fosse um bebê extremamente confiante, com uma atitude de total despreocupação e segurança na vida. Eu sempre pegava no sono, repetindo: "Eu Sou Rica, Eu Sou feliz, Eu Sou amor". Como se fosse um eco dentro da minha mente, para ficar no *looping* infinito quando eu adormecesse. Uau! Sempre durma confiante, se sentindo próspero etc. Quando sente a riqueza e o seu desejo real antes de dormir, você se abre para confiar que seja feita a vontade do seu Eu Holográfico®, que conhece todos os seus futuros potenciais e que sempre vai apresentar a melhor versão de futuro para você. É nesse contexto que afirmo que é possível solucionar qualquer problema em uma única noite, ou, pelo menos, já ter a resposta da solução para esse problema.

13. **CORRIGIR TODA A SUA VIDA AGORA.** Você pode cocriar, sintonizar e corrigir o seu futuro! O melhor momento é durante a noite. Quando você está quase adormecendo, é possível tanto

excluir os potenciais indesejados de coisas que poderiam acontecer como também guiar os pensamentos que você gostaria de ter no dia seguinte.

O que significa que você pode construir o seu novo dia, assim como experimentar o seu Novo Eu! Você pode tanto ver os perigos que aconteceriam a você como pode experimentar um equilíbrio permanente, tão logo aprenda a estabelecer uma comunicação adequada com esse Eu Holográfico®.

E isso vem sendo provado fervorosamente pelos mais renomados cientistas do mundo, porque cada futuro está em superposição Quântica. Entre um momento presente e uma realidade provável, você pode, sim, antecipar o seu presente por meio das memórias do futuro, com o objetivo de acessar as melhores informações sobre esse futuro e incluí-las em suas experiências atuais.

14. **REPROGRAMAÇÃO QUÂNTICA DE DNA.** Independentemente do momento em que esteja ou a situação que venha enfrentando, para ser mais precisa, independentemente até mesmo da sua genética, a realidade é projetada diariamente e pode ser alterada, o tempo todo, mesmo em seus genes e moléculas. Assim, você tem poder para mudar a programação do seu DNA.

Como você fará isso? Entendendo, de uma vez por todas, que a única coisa que representa você e o seu Eu Holográfico® é o seu padrão de energia, a sua Assinatura Vibracional®. Isto é, a sua Frequência Vibracional®, que é tudo aquilo que você emana em termos de pensamentos, sentimentos e ações para o Universo.

15. **QUEM COCRIA A REALIDADE É VOCÊ! NÃO EXISTE ACASO!**
Ao reconhecer definitivamente que quem cria a sua realidade não é o acaso, um Deus sentado em trono nos céus ou meramente o que foi escrito no destino, você vai tomar posse do fato de que quem cria a sua realidade é o seu Eu Consciente em conjunto com o seu Eu Holográfico®.

Isso acontece por meio de uma comunicação manifestada por uma troca de informações, que permite antecipar o presente por meio da memória do futuro – e isso pode levar você a viver qualquer coisa que sonhe, qualquer realidade na melhor proporção que você for capaz de sonhar!

Esse fenômeno é conhecido na Física Quântica como hiperincursão, pois, cada vez que existe uma intenção, há um poder de materializá-la, porque tudo o que você observa, você cria. Mas, se você intenciona, você atrai! Ou seja, não importa se você está observando ou intencionando, você não vive em um tempo linear, mas, sim, em pequenas frações. É como se entre duas frações conscientes você vivesse uma totalmente inconsciente.

16. ATUALIZAR O FUTURO. O grande *insight* nesse aspecto é entender que, antes de atualizar esse futuro em seu presente, é melhor deixar que o seu Eu Holográfico® do Futuro, aquela parte mais sábia, comprove os benefícios ou não desse futuro que foi criado por você. Afinal, a certeza que você tem em relação a um resultado já o permite escolher um futuro conforme essa mesma certeza. Isso revela que tudo, até uma doença, pode criar um potencial válido de futuro, porque se por meio dessa doença você construir um futuro melhor, essa doença terá sido válida para você evoluir naquilo que mais precisava.

Para finalizar, quero apresentar o meu pensamento, a minha tese favorita, que desenvolvi apoiada em mais de vinte anos de atuação como terapeuta vibracional e reprogramadora mental, nos meus estudos, nas minhas pesquisas, confirmada por renomados cientistas do mundo e também por milhares de depoimentos e relatos transformadores que recebo todos os dias.

A cocriação vai além do impossível e do desejo de materializar os próprios sonhos. Ela é um estado mental, de ser e espírito. Está integrada ao futuro, a todos os planos da existência, e ao Eu Holográfico®, na colheita dos frutos de cada desejo semeado hoje mesmo no solo fértil do Universo e no campo das infinitas possibilidades. Cocriar significa experimentar, viver, perceber e sentir tudo o que se deseja dentro de si, antes de qualquer ação ou até mesmo antes da integração plena com o duplo Quântico e os futuros potenciais alternativos. Com toda ação que reverbera por ressonância no planeta, em tempos diferenciados e em todas as realidades da existência.

Somente tomando essa verdade para si, descobrindo como sintonizar-se, cada vez mais, com o seu duplo Quântico, você conseguirá visualizar a cocriação perfeita para dar o salto que tanta anseia.

Mesmo em meio a todas as infinitas possibilidades que você poderia viver, conseguirá experimentar a melhor e a maior experiência da sua vida! Se o seu Eu Holográfico® pode experimentar tudo isso, você também pode. Em tempos diferentes, imperceptíveis, mas totalmente correlacionados quanticamente, conforme aprendeu no decorrer da obra.

> Mesmo em meio a todas as infinitas possibilidades que você poderia viver, conseguirá experimentar a melhor e a maior experiência da sua vida!

Dois são um e todos nós estamos conectados vibracionalmente. O segredo para decodificar a vida que sempre sonhou e trazer para o presente seus desejos, neste exato momento, em contato com seu duplo Quântico, está, portanto, na vibração do seu DNA e na ativação da poderosa glândula pineal.

Aqui, neste livro, você foi agraciado com um método, uma reprogramação vibracional, uma técnica e uma ativação + uma holofractometria de luz, que potencializam todos esses recursos naturais do ser humano.

Por isso, tudo agora está certamente, retido no seu olhar como observador da realidade. De modo consciente e inconsciente entraram em fase o seu Cérebro Triuno® em perfeita harmonia e alinhamento vibracional. Não há mais nada dissociado e a sua natureza de luz pede passagem para materializar tudo aquilo que estava reservado e guardado no seu coração vibracional neste exato momento.

Pois você poderá colher as melhores experiências trazidas por seu Eu Holográfico® do Futuro direto na Matriz Holográfica®. Tudo é possível, porque agora você sabe como gerar a coerência entre mente e coração. Sabe acessar o Campo Quântico e viajar no tempo.

Neste livro, mostrei o que é e como praticar o salto Quântico ou Salto Duplo Quantum®, por meio de conceitos, teorias e método científico. Como perfurar qualquer barreira extradimensional, organizar os pensamentos, comandar as emoções, Emosentizando® tudo, o que chamo de Ativação Emosentizar Hertz®, para colapsar o evento futuro desejado com o seu duplo Quântico em plena ação na atual realidade que vive.

Você se tornou um infinito milagre, a própria cocriação da realidade Quântica. Integrou-se para sempre ao cosmos, como onda em estado perfeito, como energia pura e um eu em perfeição – assim, pode surfar em qualquer onda de possibilidade e de probabilidades Quânticas.

Não existem mais barreiras nem mistérios contrários à manifestação total, perene e direta em sua vida hoje do seu Eu Holográfico® do Futuro em plena ação no momento presente. Você tem todos os recursos, ferramentas, técnicas e dispositivos Quânticos para manifestar a vida que sempre sonhou, agora, sem precisar esperar para isso acontecer.

Você se tornou um viajante holográfico, um saltador atemporal, que sabe quais são as aberturas temporais certas e as fissuras precisas para penetrar em todas as camadas, conscientes e inconscientes, no espaço-tempo. Não existem mais limites para sonhar nem para cocriar o futuro potencial no atual presente.

> Não existem mais barreiras nem mistérios contrários à manifestação total, perene e direta em sua vida hoje.

Você só precisa manter emoções elevadas dentro de si, Emosentizando® cada pensamento, emoção e ação, para canalizar a realidade e repercuti-la energeticamente, por meio do seu DNA Quântico, da sua pineal cósmica e do seu campo relacional. O Universo inteiro está dentro de você e você está em todo o Universo. Deus vibra dentro de você e você está em plena fusão com a mente cósmica e com seu duplo Quântico.

Esse é o seu momento de explorar as dimensões, observar a engrenagem da existência e assumir a sua tarefa como agente causal, por meio do amor e da frequência de luz que vibra em cada molécula e átomo da sua personalidade Quântica. Seja luz infinita, viaje no tempo e cocrie a própria existência futura no seu atual presente magnífico.

Não sou Elainne Ourives. Estou Elainne Ourives. Eu amo Você.

GRATIDÃO!!!

Este livro foi impresso pela gráfica Assahi em papel
Pólen bold 70g em junho de 2020.